U0187863

 "十三五"普通高等教育本科部委级规划教材

烹饪工艺美术

周明扬　主编

中国纺织出版社有限公司

图书在版编目（CIP）数据

烹饪工艺美术 / 周明扬主编 . –– 北京：中国纺织
出版社有限公司，2021.5（2022.9重印）
"十三五"普通高等教育本科部委级规划教材
ISBN 978-7-5180-8392-3

Ⅰ . ①烹…　Ⅱ . ①周…　Ⅲ . ①烹饪艺术 – 高等学校 –
教材　Ⅳ . ① TS972.11

中国版本图书馆 CIP 数据核字（2021）第 039297 号

责任编辑：舒文慧　　特约编辑：范红梅　　责任校对：寇晨晨
责任印制：王艳丽　　版式设计：天地鹏博

中国纺织出版社有限公司出版发行
地址：北京市朝阳区百子湾东里 A407 号楼　邮政编码：100124
销售电话：010—67004422　传真：010—87155801
http：//www.c-textilep.com
中国纺织出版社天猫旗舰店
官方微博 http：//weibo.com/2119887771
天津千鹤文化传播有限公司印刷　各地新华书店经销
2021 年 5 月第 1 版　2022 年 9 月第 3 次印刷
开本：710×1000　1/16　印张：20
字数：257 千字　定价：49.80 元

凡购本书，如有缺页、倒页、脱页，由本社图书营销中心调换

序

视觉，是人类最直观的感觉，视觉过程是人类生存中如此基本而又奥妙的经历，以致我们把所有的精神活动都与视觉联系在一起。目前心理学界理论研究认为，人类对外界事物的感受有80%左右来自视觉所传达的信息，只有20%是由听觉、触觉、嗅觉等引发的。"色恶不食""秀色可餐""赏心悦目""观之者动容，味之者动情"等经典语言说明，视觉的作用实际上已影响到了我们的认识、思维和感觉。烹饪造型艺术则是欣赏与食用并存，将艺术之美赋予烹饪之中，是精神与物质的统一，是人类生活水平提高的表现，是烹饪发展之必然。

烹饪工艺美术是一门研究烹饪造型的视觉艺术，中国烹饪自古以来就注重内在美与外在美的和谐统一，始终将味美可口与色、形的美观相结合，特别注重外表的视觉作用，讲究一菜十法、一饺十变、一酥十态等特色，充分运用艺术变化规则和烹饪工艺造型技法，使烹饪造型生动有趣、朴实自然，富于时代气息和民族特色。烹饪造型艺术的主要宗旨是以欣赏促食欲，在食者进行美的艺术享受的同时，增进食欲享受。

在烹饪工艺美术的研究中，以宴席菜点为媒介，使制作者与食者之间产生共鸣，出现了一种美的合声，一种美的共同追求。烹饪工艺美术自始至终贯穿于烹饪实践的全过程，不管是高档的宴席酒会、精致讲究的菜点、玲珑剔透的食品雕刻，还是大众化的饮食及一般的菜肴，都离不开烹饪工艺美术知识。正确地认识、深入地理解烹饪工艺美术的艺术观，并在实践中合理地运用，是当前烹饪工作者刻不容缓的任务。人的食欲因生理条件所限，总有一定的"量"

和"度"，因此人类的食欲享受是有限的，而艺术享受是无限的。随着人类物质生活的不断提高，人类社会不但需要烹饪，更需要用烹饪艺术的方法去丰富烹饪、美化烹饪、提高烹饪。目前，烹饪界虽然创新了不少艺术菜点，也出现了若干色彩、造型、用料、口味及工艺和谐统一的好作品，但也存在着许多不足。就整体而言，烹饪艺术与其他姐妹艺术相比，差距还很远。不少宴席菜点的造型不美、水平不高、片面追求菜点表面形式的倾向仍然存在，使创新的艺术菜不伦不类，或毫无食用价值。有的地方把衡量菜点的艺术水平仅限于是否出现食品雕刻和围边上。许多人不理解烹饪工艺美术的含义，一提及烹饪艺术，不管是冷菜还是热菜，都硬放上几枚雕刻小花。如此做法不仅降低了中国菜的格调，而且有损于中国烹饪的声誉。因此，编著《烹饪工艺美术》一书，主要是为了研究、提倡、推广烹饪造型的艺术规律，提高、拓展烹饪作者的审美观和创新能力。

本书一方面对烹饪造型艺术规律进行了理论性探索，另一方面对菜点造型的原料选择、加工配置和造型美学风格进行了说明，图文并茂，理论与实践相结合。全书的菜点图例都是作者精心设计、绘制而成的，力求图例具有针对性和实用性。《烹饪工艺美术》一书，作为烹饪造型教学实践的一项研究，对于规范化、程式化，以及对烹饪造型艺术的创新教育和审美教育，具有一定的指导价值。

周明扬

2020 年 4 月

《烹饪工艺美术》教学内容及课时安排

章/课时	课程性质/课时	节	课程内容
第一章 （4课时）	理念与研究 （4课时）		绪论
		一	烹饪工艺美术的产生
		二	烹饪工艺美术的研究对象和特点
		三	烹饪工艺美术研究的必要性
		四	烹饪工艺美术的前途和展望
第二章 （16课时）	基础与表现 （34课时）		烹饪工艺造型原理
		一	烹饪图案的写生
		二	烹饪图案写生的透视现象
		三	烹饪图案的写生对象
第三章 （8课时）			烹饪色彩
		一	色彩的基础知识
		二	色彩的冷暖
		三	烹饪色彩的情感性与象征性
		四	烹饪色彩的配合
		五	烹饪色调处理
		六	餐厅色彩和光照
		七	餐厅装饰与色彩应用
第四章 （4课时）			烹饪造型美的法则
		一	形式美的构成
		二	烹饪形式美的基本法则
第五章 （6课时）			食品图案的艺术形式
		一	食品图案的变化
		二	食品图案的平面构成
		三	食品图案与文字装饰
第六章 （4课时）	应用与实践 （8课时）		食品造型艺术
		一	冷菜造型艺术
		二	热菜造型艺术
		三	面点造型艺术
		四	食品雕刻艺术
第七章 （4课时）			饮食器具造型艺术
		一	中国饮食器具美
		二	饮食器具的美学原则
		三	菜肴造型与盛器的选择
		四	饮食器具造型分类

章/课时	课程性质/课时	节	课程内容
第八章 （4课时）	审美与赏析 （8课时）		餐饮环境风格与审美
		一	餐饮环境的选择和利用
		二	餐饮环境的美化作用
		三	餐饮环境风格与审美
		四	餐饮与视觉艺术
第九章 （4课时）			烹任造型艺术与赏析
		一	冷菜造型图说
		二	热菜造型图说
		三	果蔬雕刻图说

注 各院校可根据自身的教学特色和教学计划对课程时数进行调整。

目　录

第一章

绪　论

本章内容：烹饪工艺美术的产生

烹饪工艺美术的研究对象和特点

烹饪工艺美术研究的必要性

烹饪工艺美术的前途和展望

教学时间：4课时

教学目的：本章内容是本课程学习的理论基础和研究方向，要求学生了解什么是美和什么是烹饪工艺美术以及它们之间的关系，学生能够应用所学美术知识指导烹饪工艺造型实践，掌握烹饪工艺美术的基本内容，了解烹饪工艺美术的具体研究对象和特点，明确学习烹饪工艺美术的意义和作用。

教学要求：1.理解美和美学之间关系。

2.掌握烹饪工艺美术的基本概念。

3.了解烹饪工艺美术的研究对象。

4.懂得烹饪工艺美术的意义和作用。

5.组织学生阅读和观看经典美学名著和影视作品。

课前准备：阅读相关的美学、艺术造型书籍。

美，是一个千古生辉的字眼。美，激荡着千百万人的心弦。在这个人类生长繁衍的大千世界里，美伴随着人类的劳动实践而降临，又伴随着人类文明的进行而发展。美的存在和发展，是与人类的审美活动分不开的，是对人类审美活动和审美意识的概括和总结，是在长期的社会实践基础上产生和发展的。人类社会生活的各种实践活动都不能脱离对一定的审美理想、审美目标的追求，也不可能脱离一定美学思想的指导。因此，学习和掌握美的基本知识，是十分必要的。

从我国古代"美"字的含义看美的产生，也会对我们有所启示。无论在东方或西方，美的概念的起源都与饮食有着极为密切的关系。汉语、英语、法语等语言文字中，美的概念大多包含美味、可口、好吃、芳香等意义，汉语尤为深刻。

东汉学者许慎在他所著的我国第一部系统分析字形、探讨字源的文字学专著《说文解字》中是这样解释"美"的："美，甘也。从羊、从大。羊在六畜主给膳也。美与善同意。"在这段话中，许慎首先对"美"的字形作了分析，"从羊、从大"，是说它由上部分的"羊"和下部分的"大"组成字形。由形而意，许慎对"美"字的含义也作了解释。"美"字的含义是羊的肥大、味美，即"羊大为美"。这是因为在远古时代，羊是原始先民饲养的主要家畜，供人食用，羊越肥大，实用价值越高，实用的就是善的，"美与善同意"，而善的就是美的。

对"美"字的含义还有另一种解释，认为"美"的本义是指头戴羊角或头部用羽毛作成羊角形状来装饰的人才是美的。在这里，美是表示一个人头戴装饰手舞足蹈，进行图腾巫术活动。这说明了美的产生与人头部的羊形装饰有关，与舞蹈艺术有关。"美"的含义的两种解释都说明了美的产生与人类的社会实践活动有密切关系。在古代，美与实用是密切联系在一起的。以上我们从三个方面分析了美的产生。从美的产生，我们可以得出如下的结论：美产生于劳动，产生于人类的物质生产实践活动中，石器、陶器、原始艺术都起源于人类的生产实践活动。人类的生产实践不断发展，对美的认识和需求也在不断发展，从第一件石器的诞生到陶器的造型和纹饰，到多姿多彩的原始艺术，都说明了美随着生产实践而发展的历史趋势。随着美的产生和发展，表现出人类对自然现象、自然性质、自然规律的把握和运用能力的日益增强，人类在自然界这一广阔的画幅上创绘出的万千彩图，表现了人类独有的自由创造的力量。

其次，在美的产生过程中，实用先于审美。人类制造工具首先是为了满足生存的需要，石器造型的发展首先不是为了美，而是为了实用，是实用要求推动了工具造型的发展。这些工具因为实用，又体现了人的创造，人们才喜爱它们，它们才具有美的性质。工具造型的逐渐进步，一方面提高工具的实用效能；另一方面标志着人类创造和智慧的不断发展。在实用的基础上，逐渐产生了为满足审美需要才制作的装饰品。

再次，从实用到审美，是一个漫长的历史过程，是一个逐步变化、逐步发展、逐步前进的过程，人类物质生产实践的发展，是推进这一过程的直接动力。当生存这第一需要已基本解决时，社会才可能进入到求美的时代。"食必常饱，然后求美；衣必常暖，然后求丽。"

总之，人类在劳动中创造了美，在创造美的过程中又提高了自己的审美能力和审美需要，提高了审美能力和审美需要又促进了人创造更新更美的事物。正是美与物质生产实践的相互作用、相互促进，使美从低级向高级不断发展，使人的智慧和创造力也在不断提高。

第一节 烹饪工艺美术的产生

中国烹饪历史悠久，源远流长。烹饪的开始也就是人类文明的开始。随着烹饪的不断发展，烹饪美已越来越明显地表现出来。追溯其历史发展，应该从古人对食品的美化说起。早在上古时期，我们的祖先为了敬神祭祀，将整头牛或整只羊烤熟后挂上有色的饰物，以增添气氛。春秋时期的《管子》一书，提到"雕卵"，即在蛋上刻上花纹来美化食品。到了唐宋时期，由于达官贵人对饮食的要求越来越高，越来越考究，因此，不仅食品的质量，而且其色彩和形状，以及器皿与酒食之间的搭配，都日趋规格化。这一点，我们在唐宋诗词中均可发现。杜甫的《丽人行》中写道："紫驼之峰出翠釜，水精之盘行素鳞。犀箸厌饫久未下，鸾刀缕切空纷纷。"讲究盛具与食物的搭配，实际上就是注重菜的色彩和造型。据史书载，南宋京城临安（今杭州）当时已出现了雕花蜜饯。这些经过镂刻后腌渍的果脯，上桌时均摆成一定的造型，煞是好看。

以上所述都是中国菜肴工艺造型的早期发展情况，由于历史的局限和经济文化等方面的制约，此工艺并没有得到广泛运用和发展。近代，虽然中国饮食文化曾为不少中国人所自豪，但是，菜肴的装饰造型技术仍停滞不前。随着改革开放政策的不断深入和现代科学技术的发展，生产力也得到了空前解放，人们的物质生活正迅速地提高。与此同时，商业、服务业、旅游业、外贸业等第三产业显示出更为强大的生命力，并占据了越来越重要的地位。人在物质生活满足以后，不断追求的就是精神生活，这一趋势必然迫使人们的烹饪饮食观念在满足裹腹充饥的基础上，追求更多的情趣享受、精神享受、艺术享受以及美的享受。因此，我们必须研究饮食生活中美的规律，用以指导当代饮食生活。由于不少烹饪工作者不懂得菜肴造型规律，粗制滥造，随心所欲，将一些本来很好的菜肴搞得不伦不类。有的人为了在造型上追求奇巧、逼真，不惜使用非可食用的原料，破坏原有原料的特性进行造型与装饰。这种片面追求形状、忽视食用价值的做法，严重地损害了菜肴应有的质量。

因此，烹饪工艺美术的产生与饮食综合系统密切相关，故餐饮现代化综合系统管理加快了烹饪工艺美术的发展，使烹饪能以或个性化或标准化的多元形式满足社会各方面的就餐需要。这种形式对菜肴品质、餐饮服务、就餐环境有其相应的要求。现代社会对精神产品的审美需要日益普及和提高，也是促进烹饪工艺美术产生的重要因素。随着社会实践的发展，物质生产日益丰富，人类对物质产品的要求也日益提高，不仅要求餐饮具有实用功能，还要求餐饮具有审美功能，甚至希望将餐饮优异的实用功能、美观的形象和良好的经济效益等高度统一起来。烹饪实用功能和审美价值在餐饮中常常是不可分割的。

第二节　烹饪工艺美术的研究对象和特点

烹饪工艺美术是一门研究烹饪中美的规律性，以及人们的烹饪饮食审美的学科，揭示烹饪活动中美的创造，人们的审美意识与烹饪文化背景的内在关系。这门学科的研究内容包括以食用为目的的色彩和造型表现艺术、实践烹饪技术所需要的全部美术原理，以及美化、提高烹饪技术，主要包括：色彩应用学、造型艺术学、文学、心理学、审美学、历史学和烹饪科学技术等方面，是一门综合性很强的学科。这门学科若能得到广泛地研究和运用，那将会给中国菜肴带来新的面貌。

一、烹饪工艺美术的具体研究对象

（1）烹饪工艺美术的造型设计与制作，即食品造型艺术。在烹饪美学、烹饪工艺美术理论的指导下进行艺术实践。烹制菜肴在造型追求上是辩证的，既重天然色泽又重装饰美化，既有自然形态又有人工塑造，并力求将色、香、味、形、器、意、养融为一体。这就使烹饪艺术具有令人赏心悦目的魅力，又给人以美的享受。烹饪工艺美术就是研究烹制工艺造型美的规律性。

（2）烹饪环境美及饮食氛围美。烹饪过程不仅对菜肴的色、香、味、形等有基本要求，而且要善于选择餐具和炊具，充分发挥其实用和审美功能。餐具和炊具体现着工艺美术原理在烹饪中的运用。另外，在菜肴命名、进餐环境的美化和布置、宴席台面的摆设、宴会气氛的调节、宴席的设计等方面也要按照美的规律来表现。烹饪工艺美术就是要研究烹饪环境美化的一般法则，饮食环境与宴席美的统一。

烹饪不仅对菜肴的色、香、味、形等有基本要求，而且要善于选择和利用餐饮环境，布置合理大方、美观实用的餐厅家具，充分发挥其实用和审美功能。家具造型体现着工艺美学原理在餐饮中的运用。另外，在进餐环境的美化装饰、空间布局、色彩搭配、厨房格局、宴席设计、宴会气氛的调节以及餐桌的规格顺序等方面也要按照美的规律来表现。

（3）饮食器具之美也是烹饪美的重要组成部分。我国传统饮食器皿不仅在宴饮活动中有着不可或缺的实用价值，而且具有很高的艺术价值。因此，烹饪必须研究饮食器具的美学价值，正确地使用，才会给顾客以美的享受。纵观传统饮食器具演变的历程，作为一种社会文化的象征，其审美形式感和实用性从不分离。

（4）自古以来，餐饮不仅注重情趣美，而且讲究食趣美，讲究美食与美酒、美茶、美景、美乐的结合。我们要了解中国烹饪美的发展历史，继承并发扬中国传统饮食文化，掌握中国各个菜系的审美特征，培养对餐饮的初步审美能力。

对于现今餐饮业来说，继往开来，弘扬中华民族的烹饪文化传统，对创造属于新时代的灿烂餐饮文化具有重要意义。烹饪美就是要研究餐饮文化的审美观念、习俗及与中国传统文化思想的关系。烹饪工艺美术为食用服务，其食用价值又依附烹饪工艺造型水平的提高。因此，研究烹饪工艺美术，就是在保证食用的前提下，努力升华艺术的表现水平。

二、烹饪工艺美术的特点

烹饪工艺美术，属于实用工艺美术范畴，而且是一种特殊的实用工艺，它有自己的特点和创造规律。菜肴造型主要宗旨是：以欣赏促食欲，在食者进行美的艺术享受的同时，增加美的食欲享受。中国烹饪的色、香、味、形、器、意六大属性，既紧密联系又各自表现。色、形同属视觉艺术的范畴，其先于质、味出现，又最先映入食者的眼帘，可谓先色后形，先形后味。色和形是烹饪的"仪表"和"容貌"，属于艺术的表现部分，质和味是烹饪的"骨骼"和"血肉"，是组成和支撑这些表现部分的实体。

烹饪工艺美术的第一个特点是，不但要研究宴席菜点的艺术造型和色彩处理，还要研究达到并保证这种艺术表现的烹制工艺及相互关系。例如在菜肴造型中，既要塑造生动优美的色彩鲜艳的形象，又要研究构成形象的鲜嫩原料、优美调味和制作工艺。总之，一切形式和内容都要围绕食用。因此，以食用为目的的美化宴席菜点，是烹饪工艺美术的主要特点。在烹饪实践中，应制作出高水平、人们喜闻乐见的艺术形象，如龙、凤、花鸟、景物、器物等来感染食者，刺激食欲。组成这些艺术形象的原料必须是味美的，制作这些形象的工艺必须是合理的，从而使烹饪艺术造型取得最佳的食用效果。否则，其造型再优美，色彩再华丽也无实际意义，因为它脱离了烹饪工艺美术的宗旨和特点。

构成烹饪工艺造型的必须是食用原料，这是烹饪工艺美术的第二个特点。烹饪工艺美术既不像绘画，可采用各种丰富的色彩颜料调配涂抹，也不像工艺雕刻，可采用各种材料随意凿琢。它必须选用各种食用的美味原料，塑造出形形色色的艺术姿态和精美图案。烹饪中出现的各种艺术形象，都是选用理想的美味原料，经过严格的制作工艺和艺术处理再现的。例如，"金鱼闹莲"一菜中，需要制作出一只只色彩艳丽、造型生动的金鱼形象，烹饪工作者就要选择适于制作"金鱼"的各种美味原料，如鸡脯肉、精鱼肉、虾肉等。然后，将这些原料剁成细蓉泥，再加入蛋清、鱼肚片等体轻原料，使金鱼比重变小，以备菜肴熟后浮在水面。同时，还要加姜汁、精盐、味精、料酒等佐料，以保证"金鱼"口味的鲜美。最后放到笼中蒸九成熟，以确保"金鱼"质地的滑嫩，再推置到热汤中与"莲花"共聚，组成一只完美的汤食艺术菜"金鱼闹莲"。

严谨概括的造型手法是烹饪美学的第三个特点。食物的艺术造型，大多采用鲜嫩的动、植物原料。为了保证质量和卫生，要充分利用经过消毒的工具、模具进行处理，尽量减少手触。在制作中要求厨师有严格的形象概念和娴熟的表现手法，抢时快制，形象塑造力求简练概括。

用食用原料塑造和表现艺术形象与色彩，并赋予美味，是烹饪工艺美术的主要任务，也是烹饪工艺美术的明显特点。

第三节　烹饪工艺美术研究的必要性

人类文明需要美，烹饪也需要美，对烹饪美的追求，是人类文明的一种表现。一件衣服本是为了遮体防寒，但人们却将这些遮体之物千变万化、巧截妙合，从而做出了不同风格的服装，展现了绚丽多姿的形式美；一块面团本是为了饱腹充肌，但人们将其反复揉搓加工，然后放到笼里蒸成光洁饱满的面点，便诱发了人们的食欲；一团鱼蓉泥不经加工放到水中煮熟，粗乱的形体使人生厌，如果将这些蓉泥做成美丽的金鱼样式或制成圆滑晶莹的丸子在汤中氽熟，便会立刻改观。巧截妙合的服装，光洁饱满的面点，圆滑晶莹的丸子，都是文明社会中人类对美的追求的体现。当代的烹饪工作者为发展烹饪事业，需要不断学习，掌握工艺美术技能和造型基础理论知识，因此学习烹饪工艺美术十分必要。

1. 学习、研究烹饪工艺美术，更好地弘扬中国饮食文化

中华民族有着 5000 年历史的文明，中国烹饪文化是民族文化的宝贵遗产，是我国各族人民几千年来辛勤劳动的成果和智慧的结晶。

我国的烹饪艺术享誉全球，色、香、味、形俱臻上乘。中国烹饪科学地总结了多种相关学科的成果和知识，并且发展成为一种越来越精深的综合性、实用性艺术。在烹饪艺术中，蕴含着民族的审美心理和审美趣味。因此，学习和研究烹饪工艺美术，是对我国传统的烹饪文化的弘扬、继承和发展。

2. 学习、研究烹饪工艺美术，是适应新形势下烹饪技艺发展总趋势的需要

随着我国现代化建设事业的不断发展，改革开放政策的深入贯彻，市场上的商品丰富了，人民的生活条件改善了，人们越来越需要用现代营养学的知识烹制美味佳肴，越来越讲究菜点的工艺美。

随着时代的不断进步，人们的饮食观也在发生变化，美食已不仅是为了生存的需要，还有友谊和庆贺，是美化生活的艺术活动，是追求艺术享受的精神愉悦。

现代生活中，人际交往越来越频繁，交往中少不了烹饪艺术。国与国之间加强了解，地区与地区、企业与企业之间加强经济联系，需要借助于烹饪艺术。人们调剂日常生活，增添家庭欢乐情趣，也要依靠烹饪艺术。学习和研究烹饪工艺美术，可以适应烹饪技艺发展总趋势的需要。掌握菜点造型、色彩搭配等应用技艺，懂得了对称、调和、节奏、均齐及多样统一等形式美的法则，就能制作出符合人们需求、受人们喜爱的佳肴。

3. 学习、研究烹饪工艺美术，可以增强烹饪审美能力和鉴赏能力，提高审美情趣和精神素质

审美教育的着眼点就是要培养和提高人们的审美能力、审美情操和审美创造力。学习烹饪工艺美术，可以引导和帮助人们树立正确的审美观念，提高审美情趣。美馔佳肴是具体的形象鲜明的实用艺术，饮食烹饪充满着浓厚的生活情趣和生活气息。用正确的观点理解烹饪美，可以唤起人们对美好事物的审美情思及追求，培养人们对真正有意义的生活的审美感受力。

学习烹饪工艺美术，可以培养人们的审美鉴赏力和良好的艺术修养。在烹饪审美教育中，学习烹饪工艺美术基础知识，了解烹饪工艺美术的特征，分析鉴赏受大众喜爱的美馔佳肴，增加艺术形象感染，引起情感的共鸣，并在审美享受中，让心灵得到陶冶，艺术修养得提高。

学习烹饪工艺美术，可以指导人们参与烹饪实践活动，不断培养人们的审美表现力和创造力。良好的审美活动，可以使人们情绪饱满，积极向上，对促进人们的身心健康和智力发展有很大的好处。优美的烹饪审美情趣会产生对烹

任事业的热爱，对烹饪专业知识和技能的渴望与追求，这样人们就会积极参与烹饪实践和创造性的艺术活动。这种创造性的烹饪艺术劳动，既能展示烹饪美，也能反映人们的审美取向和审美心理，培养人们对美的感受表现力和创造力。

第四节　烹饪工艺美术的前途和展望

烹饪工艺美术不仅对我国的烹饪高等教育和烹饪事业及人民的饮食生活有着很重要的意义，而且具有强大的生命力和发展前途。兹从两方面作简要分析。

一、从食物的基本组成要素看

食物的基本组成要素有三种：卫生、营养、美感。这三种要素是从人类与食物打交道的第一天起就客观存在着的。三要素共处于一个统一体（食物）之中，执行着不同的职能。卫生满足人类生存和健康的需要，是基础；营养满足人类劳动的需要，是主体（使人产生能量、热量）；美感（色、香、味、形、器等）满足人类感官享受的需要，是实现主体（营养）的辅助手段。食物三要素的三种职能和人的三种需要相依相关，缺一不可。

在最高境界的烹饪美感中，三要素是高度统一的。以猪肉为例，新鲜而又卫生的猪肉最富有营养，色泽和口味也最好。腐烂发臭的猪肉营养损失大，色泽和口味也不佳。色、香、味、形、质俱佳的食品，人们愿意接受，并且能够从中摄取营养。反之，人们不爱吃，或吃得很少，达不到摄取营养的目的。再者，人们摄取营养的目的是为了产生能量，从事劳动，而从事劳动的目的又是为了创造供人享受的各种社会财富。无论是物质财富还是精神财富，都是为了满足人的美感享受，美感构成了人类共同追求的最终目标和最高要求。从理论上讲，烹饪离开了工艺美术也能存在，但在实践中却无法分开。

营养作为主体要素占据着首位，但如果没有基础性的卫生要素，主体会倒置，如果没有客体性的美感要素，主体无法实现。另外，由于时空环境因素的不同，三要素未必都放在同等位置上。如家常便饭可以营养为主；国宴可以美感为主；但强调某一要素时，其他二者也同时存在，并占据一定的地位。这样，烹饪美学就形成了丰富多彩的风格和流派。三要素之侧重点与烹饪工艺美术风格之间的关系和规律，也是烹饪艺术应当研究的重要内容。

二、从认识角度看

人们对任何事物的认识都有由低级向高级、由不成熟向成熟、由不自觉向自觉、由实践到认识的发展过程。烹饪工艺美术也不例外。上古社会，以甜为美，恐怕还难以讲究色和形。先秦时代，伦理观渗透到饮食活动中，"钟鸣鼎食""割不正不食"，这种传统一直发扬下来。即使在民间，节日或婚丧之事，宴席的气氛创造也无不讲究美的法则。但这都是不自觉的，缺乏理论指导，没有严整体系的。从实践到认识，上升到理论高度，再用这种理论指导人们的饮食生活，并普及到千家万户，这是文明发展的必然。

总之，随着社会的发展，人类的物质文明与精神文明水平的不断提高，代表着现代文明观念的餐饮服务业，对人们的消费方式乃至生活方式都有着重要的影响，甚至起着某种文化和审美的导向作用。在这里，一方面，顾客在餐饮中得到物质生活享受的同时，对精神和文化生活的享受提出了更高的要求，许多顾客甚至把精神享受看得比物质享受更为重要；另一方面，餐饮业的现代化管理方式、工作人员气质风度、礼貌规范的语言可以表现出观念美、形象美、语言美。餐饮总体设计中体现出的环境美和建筑美的韵律、色彩、灯光、音响等设施、设备所反映的视觉美，以及人文景观中的假山、秀水、花木、楼台亭阁等体现出的自然美，无一不给顾客以美的熏陶和享受。可见，在餐饮消费与餐饮服务中不仅存在着美的创造与欣赏问题，而且随着文明的发展，人们逐渐表现出对美和烹饪工艺美术研究的迫切需求。

思考与练习

1. 简述烹饪工艺美术的产生。

2. 简述美的含义。

3. 构成审美关系的主体因素是什么？

4. 什么是烹饪工艺美术？其涉及的内容有哪些？关联学科如何？

5. 试述烹饪工艺美术的研究对象和特点。

6. 有人认为"烹饪工艺美术的研究会导致食品制作的形式主义，好看不好吃"，这一说法有无道理？为什么？

7. 试述烹饪工艺美术产生的意义和价值。

第二章

烹饪工艺造型原理

本章内容： 烹任图案的写生
　　　　　　烹任图案写生的透视现象
　　　　　　烹任图案的写生对象

教学时间： 16课时

教学目的： 本章内容是课程基础与表现学习的内容之一，让学生了解烹任工艺造型原理；能够应用写生变化的形式进行食品设计。利用透视基本原理，熟识物象结构和比例，掌握花卉、动物、风景、人物写生的基本方法。

教学要求： 1.掌握烹任工艺造型写生方法。
　　　　　　2.写生中能够抓住物象的特征，掌握物象的比例和结构关系。
　　　　　　3.熟悉透视基本原理在表现物象中的作用。
　　　　　　4.能够运用线、面结合的方法表现物象形态。
　　　　　　5.教师对学生的造型表现进行点评。
　　　　　　6.针对性的布置图形练习，培养学生的形象思维能力。

课前准备： 阅读相关的造型艺术书籍。临摹相关的造型图案作品，掌握速写的基本方法。

艺术来源于生活，烹饪图案也是如此。因此，深入生活，到生活中去写生，并根据烹饪图案所表现的特点，进行有重点的训练，在写实中求变化，是学习烹饪图案的一个极其重要的步骤。

第一节　烹饪图案的写生

烹饪图案写生的形式不拘一格，可以用各种绘画形式来写生，也可以按烹饪图案形式的需要来写生，其主要目的是为设计出具有艺术效果、又有实用价值的烹饪图案奠定基础。

写生是到生活中去搜集素材，对具体事物进行描绘，把一些生动的自然形象画下来。通过写生可以丰富生活知识，逐步培养敏锐的观察对象和表现对象的能力。

烹饪图案写生的方法，一般来说与绘画基本相同。但在表现手法上有相当大的差异，它无须像绘画、雕刻那样追求装饰和精雕细刻，而应根据烹饪自身的表现特点来搜集素材，从而达到充分利用和发挥烹饪原料之美来刺激人们的食欲、启发品味的目的。所以，在烹饪图案写生及其变化时，不仅是对自然物象的外形轮廓和色彩进行刻画，而且要对自然物象进行全面地观察、研究、分析物象的生长规律和特征，以及它们各部位的比例、动态变化等。

在进行花卉、动物、风景等写生时，首先必须对其进行一番仔细的观察和比较，然后选择充分反映其完美意境的角度，同时还必须注意以下问题。

要抓住物象的特征：也就是要抓住自然物象的外形特征和生长规律特征。对外形特征来讲，要注意物象的形态是圆形、圆锥形、长方形、梯形、三角形还是扇形等。从花卉生长规律的特征来讲，是轮生、平生还是卷生等。

要取舍：写生不仅仅是自然物的再现，而且要把物象的内在本质表现出来，要取其生动的、有代表性的部分，舍弃杂乱的、多余的部分。中国画的写生很注重取舍。因此，在烹饪图案写生时要充分发扬这个好的传统。

要概括：自然物象形形色色，千姿百态。因此，写生时就必须要有较高的概括能力，即把自然界中庞杂烦琐的形象，找出它典型的东西，集中起来，加以提炼和概括，使之成为高于生活的艺术形象。

要重整体：写生要达到物象准确、神态生动，就要从整体着手。重视整体，不要只抓局部，忽视整体。要对自然物象作全面观察——即物象的生长规律、各部位的比例、形态结构等，然后进行详细地描绘。在重视整体的基础上，注意局部的特点，使整体与局部紧密联系起来。

一、烹饪图案写生的形式

研究掌握素描写生的表现技法，不能离开具体的对象，也不能离开写生的要求。物象的造型特征、精神气质、环境气氛以及作者对对象的认识感受，总是决定着表现的形式和手法。

写生的表现技法尽管多种多样，但作为造型的基本手段，不外乎两种：线条和明暗。在实际写生时，可以完全用线或完全用明暗调子来表现对象，而更常见的是把两者结合起来运用。

（一）勾线

这是写生练习的一种基本方法。这一方法有利于物象细部轮廓的描绘。一般用 HB 或 B 的中性铅笔。在描绘时，要根据物象的特点，仔细观察，研究物象线的变化。

掌握线的现象和原理，先要从物体的体积结构谈起。我们知道，各种物体的体积，是由许多不同方向的面组合而成的，一个简单的几何立方体由六个面组成，即使一个圆球，也是由无数的面组合而成的。当我们观察物体时，从眼睛可引出千万条直的视线，在这些视线中，有的视线被物体表面阻挡，看到的就是面，有的视线顺着物体的表面擦过，那么这个与视线相接触的面，在视觉上（即在透视上）就缩扁成为线。

懂得了线的基本原理，就可以认识到线描作画的观察方法，并不完全依赖于光线照射下物体所呈现的明暗变化，而是着重研究对象本身固有的体积结构和透视变化。因为明暗是可变的现象，如果线条正确地表现了物体的透视，它也就同时表现了对象的立体感。反之，不掌握对象体积的透视变化，就不能画出准确的线条来。在写生时，如果光看到对象的外轮廓线，而不全力以赴地去观察体积结构的特征，或只考虑线条本身的表面效果，就会使人变得非常拘谨和胆怯。应该始终记住：线条不是结构以外的东西，而是物体内在结构的表现。图 2-1 是用勾线方法表现的花卉造型。

图 2-1　勾线形式

烹饪工艺美术

（二）明暗

明暗是造型写生的另一种基本手段。明暗现象的产生，是光线作用于物体的结果。因此，它也是客观存在的物理现象。在写生中除了运用线条，就用各种明暗调子来表现物象形象和其他景物。

明暗写生适合立体地表现光线照射下物象的形体结构，物体各种不同的质感和色度，物象的空间距离感等，使画面形象更加具体，有较强的直觉效果。因此，在素描造型写生中，对明暗与物象结构的研究，作为菜肴造型、食品雕刻的基础训练，都是十分必要的。

表现一个物体的明暗，要抓住形成它体积的基本面的形状，而这些面的明度虽然由于不同角度的光线照射面出现不同的明暗变化，但是光线不会改变对象的结构，因为对象的结构是固定的，而光线是可变的。所以，物体明暗的变化中结构是内因，光线是外因。物体受光后出现受光部和背光部，即明、暗两大系统。由于物体结构的各种起伏变化，明暗层次的变化也是丰富的。但是这种变化是有一定的规律性，我们将它归纳起来称作明暗调子（即明暗五调子），指物体的亮部、中间色、明暗交界线、反光和投影。其中亮部和中间色属于物体的受光部，明暗交界线、反光和投影属于背光部，它们构成物体的明暗两大系统。这是物体受光以后产生的基本调子，不管物体形状起伏有多么复杂，也不会改变明暗五调子的排列次序。

用明暗调子表现空间关系是有一定的规律性的。空间关系在素描写生中也称空间感。空间感由两个基本因素组成，即"形体空间"和"色彩空间"。"形体空间"是指物体和物体之间或物体的结构之间前后穿插关系，以及物体近大远小等透视变化。"色彩空间"是指光线照射对大气微粒的影响，"形体空间"和"色彩空间"，前者是根本的，后者是从属的，任何色彩不能孤立存在，它总是依附于一定的物体，物体在不同距离内所产生的色彩明度和强弱的变化，在素描上表现为明暗的变化。物体离写生者的距离越近，明暗对比越强，离写生者越远，对比则越弱。同样的原理，光源越强或光源离写生者的距离越近，明暗对比越强，光源越弱或离写生者越远，对比则越弱。图2-2为用明暗方法表现的一组静物。

二、烹饪图案写生的方法

（一）写生前的准备工作

1. 选择写生角度

同一个写生的对象，可以从几个角度去表现。角度不同，在造型上的要求难易不同，特别是花卉的姿态和动物的动态，对象的面貌和造型特征在某些角度去看比较鲜明。而在另一些角度就不一定很突出，画前应很好地观察和研究。另外，为了从造型能力上得到全面的锻炼，要避免同一个角度的写生。

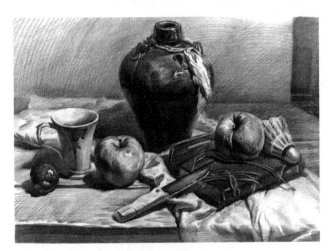

图 2-2　明暗形式

2. 写生距离适当

初学者在开始写生时喜欢尽量靠近对象，希望能看得清楚一些，其实靠得过近，对象某些局部可能看得清楚，但对素描写生来说非常重要而又不易抓住的整体，却反而看不清了。素描写生十分强调观察对象或检查画面时能一眼看到整体，只有整体画准确了，才能求得局部的准确。

一般说来，人的视域在 60°的视角范围内，即离开对象高度（如宽长于高则取宽度）2 倍以上的距离去观察，所看到的整个对象是清晰正常的。60°视觉范围称为正常视域，所以如果是画花卉，最好在 1 米以外的距离去写生；画动物或风景就需要根据对象的大小确定写生距离。写生者的眼睛也不能距离画面太近，画纸的中心点要与视点高低相同，画面必须与画者的中视线（观察方面的线）垂直，使整幅画始终在正常的视域范围之内。

3. 写生工具

写生的工具一般有铅笔、钢笔、毛笔、颜料等，使用时可以使用单一工具，也可以采用多种工具。

在写生练习中，物象的大体轮廓和细部轮廓的描绘，一般用 HB 或 B 的中性铅笔，也可用钢笔来描绘。写生时，要根据物象的特点，如物象的轮廓、体积大小、透视程度、质感和动感等，用笔也相应地随之变化。在描绘物象的层次、光影时，一般采用 2B 或 3B 的软性铅笔，依据物象和光源的原理来衬影，使之有立体的效果。

（二）形体结构与空间

在造型艺术领域，从可视的角度说，具有一定形状、占有一定空间的物体就构成一定的形体。所谓形体结构，指的是形体占有空间的方式，形体以什么样的方式占有空间，形体就具有什么样的结构。例如，形体若以立方体的方式占有空间，它就有着立方体的结构；若以圆球体的方式占有空间，它就有着圆球体的结构；若以不同形体穿插组合在一起的方式占有空间，它就有着相应的较为复杂的结构。

形体结构本质地决定着形体的外观特征是第一位的。而光线照射所产生的明暗变化、虚实关系、"固有色"的深浅、透视变化等，只是其特征在特定条件下才呈现的现象，这些现象无论怎样变化均离不开形体结构的制约。这是我们认识和表现形象时要从形体结构出发的根据。

形体结构特征最基本的状态是圆球体和方块体。圆球的伸延可形成圆柱体，由大到小的伸延可形成圆锥体等；方块体的伸延可形成长方体，压缩一半则成扁方体，由大到小的伸延可形成方锥体，从对角线分割可成三角体，伸延可成梯形或组合成棱形体等。如果圆球体与方块体互相穿插组合，就可形成千差万别的形体结构。也就是说，任何形体结构特征都是由方、圆两种因素组合而成的，只是有的明显，有的不明显而已。因此，面对一个形体，尤其是复杂微妙的形体，就必须认真地观察分析，力求理解其结构特征的基本状态。只有这样，才能把握住形体造型的本质特点。

造型中把形体结构在空间体现的关系称为"三度空间"关系，这是有客观依据的，因为形体在空间体现出高度、宽度和纵深度的立体特征。形体的纵深度，又往往存在最近的、较近的、中间的、较远的、最远的等多层次空间关系，背景则呈现更深远的空间感。"三度空间"只是对复杂的空间关系的一种概说，如同我们把景色距离概括为近景、中间、远景三个层次一样。

在写生中，形体的高度、宽度比较容易体现，形体的纵深空间度则较难体现。强调表现"三度空间"关系，主要是要我们注意表现形体的纵深度。学会表现形体的"三度空间"形象，可以更加逼真地反映客观事物（图2-3）。

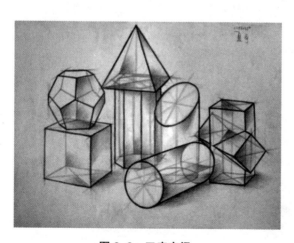

图2-3　三度空间

（三）形体结构"点、线、面"

在写生中，形体上呈现的平面称为"体面"；不同平面体现的不同方向和前后关系称为"体面关系"；两个体面在联结处呈现的棱角线、转折线称为"体面线"或"结构线"；由一个凸起部分连接三个以上不同方向的面，在形体上形成尖角凸起，这凸起部位称为"骨点""高点"或"起点"；相反，向下凹成的角则称为"窝点""低点"或"伏点"。形体上的点、线、面互相制约、互为因果，其不同的排列组合形式构成不同的结构特征。从根本上说，形体特征取决于其高点的组成形式，高点（起点、骨点）组成形式的不同，制约着形体点、线、面的排列组合。缺乏素描写生经验的人们往往只看到概念的、孤立的线，用这些概念的线像图解一样解释形象，而看不到点和面的造型，看不到点、面对线的内容的制约。我们要全面培养"点、线、面"的造型意识，以提高观察能力和对形象的认识能力。

（四）形体结构的比例

形体上各主要点的高低、长宽、远近及各部位起止点的上下左右距离的比例关系决定着形体结构最基本的特点。换言之，任何特定的形体结构都有自己特定的比例。比例关系是形体结构的存在形式或点、线、面关系的最基本的法则。

学习写生，首先要解决的就是观察、分析并确定形体各部位的比例关系的问题，在这个基础上才能进一步深入刻画形象的多方面的特征。但是，想正确地找出形体的比例关系，却不是很容易，其难度在于必须把形体的空间关系和透视规律考虑在内，如果是表现人体的比例关系，还要有一定的解剖学知识。

（五）速写

速写即快速写生。单色速写属于素描的范畴。对于学习和从事造型艺术的人们来说，画速写是非常有益的，尤其是生活速写，具有一举多得的好处，如下文所述。

（1）由于速写的速度快，可以增加写生练习的次数，增加对多种形象进行观察和表现的机会，有利于提高学习效率。

（2）画速写有利于保持新鲜、敏锐的感觉，多画速写，可以更快地提高对可视形象的感觉能力。

（3）有利于培养、提高从整体特征出发，简练概括地刻画形象特征的能力。

（4）有利于学习、掌握放手作画、下笔求准、一气呵成的作画方法。久练速写，可以形成下笔准确的硬功，克服改来改去的不良习惯。

（5）有利于调动造型热情。热情是艺术作品鲜明有力、生动感人的前提条件。

（6）多画速写可以强化对形象的记忆力和默写能力。因为速写所表现的形象往往是处于运动中的形象，速写过程往往是写生和默写相结合的过程。

（7）多画动物动态速写，可以对动物的运动规律产生理性和感性认识，从而丰富联想和推理能力。这是动物动态造型不可少的能力。

（8）速写使用的工具简便，有利于随时随地表现生活中众多的形象和场面，有利于积累创作素材。

总之，速写不仅可以取得灵活的造型能力，而且可以接近生活、熟悉生活，从而为造型设计奠定基础。速写的技法特点是用简练、灵活、流畅和肯定的线条表现形象的主要特征，可以不涂或少涂明暗色调。因此速写笔一般采用笔芯颜色较重、线条效果明快有力的软铅笔或炭笔、钢笔、毛笔等。为了运笔灵活流畅，握笔的方法一般同于握铅笔或钢笔写字的方法。

（六）默写

默写是靠对形象的记忆进行作画的习作形式。默写除了有速写的诸多优点外，还会促使我们随时随地用画家的眼光观察周围的事物和形象。默写有两种情况：一是有意识地通过默写培养对形象的记忆力和默写能力；二是在没有时间或条件进行当场写生的情况下，于事后通过默写的形式记录形象特征。

默写对象主要有两种：一种是对具体的个别形象进行默写，如对物象的具体形象的默写；另一种是对一般或一类形象进行默写，如对牛或马的默写。

中国传统绘画非常重视默写并以默写为主要作画手段。绘画中主张"彼方叫啸谈论之间，本真性情发见，我则静而求之，默识于心，闭目如在目前，放笔如在笔底"。在画风景时，也是主张"搜尽奇峰打草稿"式的默写，而不是"面对奇峰打草稿"的写生。应学会默识于心，达到"闭目如在目前，放笔如在笔底"的程度，从而获得较强的默写能力。

第二节　烹饪图案写生的透视现象

透视是研究平面物体远近和层次变化的一门学科。它对绘画、雕刻、烹饪工艺美术等都是有重要的作用。

物体因远近而引起大小变化，近大远小，越远越小，这是为人们所共知的透视现象。在绘画中把研究这种大小变化规律的科学叫透视学。它不仅是绘画专业的一门技法理论，也是烹饪造型中（冷盘图案拼摆、糕点造型）必不可少的一门实用技法。但作为一门科学的透视学，其内容是十分复杂的。这里介绍一些与烹饪工艺美术相关的透视基础知识。

我们看到的形象都是从某一角度所见的视觉形象。视觉形象是经过透视增减、变形之后的形象，并非原来的本形。我们认识和描绘形象是以视觉形象为依据和出发点的。认识和描绘视觉形象离不开对透视现象的认识和表现。透视现象及规律虽然不是形体本身的特点，但形体特征的视觉形象却受透视规律的制约和支配。为了更明确透视的意义，不妨列一个简单公式：客观形象＋透视现象＝视觉形象。

在写生过程中，认识和表现透视现象是一个不可避免、不可忽视的重要环节。从根本上说，透视现象的规律受以下两点的制约。

（1）人们的视线从视点（眼睛）起，呈直线放射状，被视物被物体遮挡的部分无法看到。因此，对某一形象而言，视点位置不同（如正面观、侧面观、背面观以及仰视、平视、俯视等），其视觉形象各有不同。

（2）以视点（眼睛）为准，物体由近及远呈现由大到小、由长到短、由宽到窄的视觉变化，从而产生一系列不同形体的不同透视现象。

在视觉形象中，比例与透视是密切相关的，视觉比例包含着透视现象，透视现象作用于视觉比例关系。

如果掌握了透视规律并能灵活运用，就可以更好地理解和描绘在某一角度观察下的形体的视觉特征，从而正确地反映形体本身的特点，使形象具有空间感、纵深感和距离感。

一、透视基本原理

学习写生，在二维的平面上画出具有三维立体效果的图纸，一定要正确运用透视的方法。在图纸上表现具有真实感的三维立体形态，就是将物体近大远小的规律性的变化，反映到了图纸上，也就是运用了透视原理的结果。从图2-4中我们可以认识到透视的基本原理，主要包括以下几方面。

视点——观察者眼睛所处的固定位置。

画面——画图的纸面。假设是一种透明的平面，置于观察者和物体之间，各种透视现象就会在画面上被反映出来。

物体——存在于空间的实际物。

视平线——视点高度所在的水平线。

视点——垂直于画面的视线交点，也称心点。

视心线——通过视点作画面的垂线。

视高——视点的高度。

灭点——与画面成角度的平行线所消失的点。

基线——地面和画面的交线。

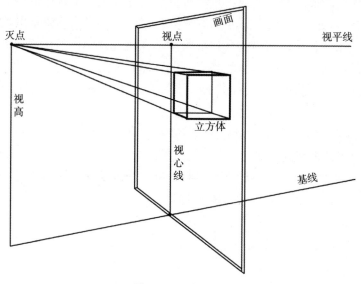

图 2-4　透视原理

其中，视点、画面、物体三方面的因素，是构成透视的基本条件，当人观察立方体时的视点被固定下来后，假设在视点与立方体之间放置了一个垂直于视平线的透明平面（即画面），连接视点与立方体的线，则各条线在画面上留下相应的点，再将这些点连接起来，即完成了立方体的透视图。

二、透视图的类别

通常我们根据透视灭点的多少及对物体观察角度的不同，将透视归纳为三种类型（图 2-5）。

1. 一点透视（或称平行透视）

正面观察立方体，在立方体的三组平行线中，原来垂直的和水平的，仍然保持原状，只有与画面垂直的那组平行线的透视线交于画面的视心。此点即为灭点，可落在立方体的中心或某一侧。

2. 二点透视（或称成角透视）

改变立方体的角度进行观察，三组坐标线中任一组与画面平行，而其他两组平行线的透视分别消失于画面的左右两侧，产生两个灭点，这样形成的立方体透视图为两点透视图。

3.三点透视（或称倾斜透视）

人眼俯视或仰视观察立方体，即立方体的任何一面都倾斜于画面，除了在画面上存在左右两个灭点外，垂直于地面的那组平行线也产生一个灭点，由此作出的立方体为三点透视图。

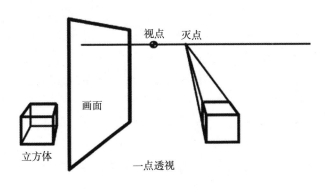

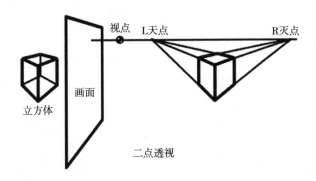

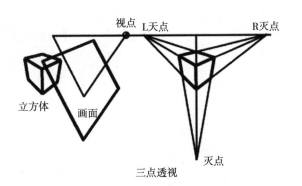

图2-5　透视三种类型

第三节　烹饪图案的写生对象

一、花卉写生

植物界的花草树木虽然没有意识，但由于它们的结构不同，在人们看来，也能形成不同的体态风姿，构成某种"格"或"气质"。花卉图案在烹饪造型中的应用相当广泛。写生时应该仔细观察、分析、研究其生长规律和外部形态结构，重点描绘的应该是花、叶以及局部枝梗。

花卉在外形上有圆形、圆锥形、扁平形；花瓣形态有长、短、尖、圆；叶子生长有对生、互生、轮生；叶子有单叶、复叶。

花是由花蒂、花瓣、花心三部分组成的。花蒂在花梗的顶端，包括花托和花萼。花瓣生长在花托与花萼的交接处，由许多花片组成。由于花片的数目不等，又分为单瓣花和重瓣花（复瓣花）。

花卉图案的写生，首先要选择花形丰满的鲜艳花朵，并选定是花的正面，还是花的侧面或半侧面。然后根据花朵的方向画出中轴线，确定其大致部位。画花瓣时，要注意花瓣的排列。对复瓣花要注意花瓣的层次和重叠。对每片花瓣的正反、转折、起伏关系都要处理好。写生时可用勾线或明暗表现对象（图2-6）。

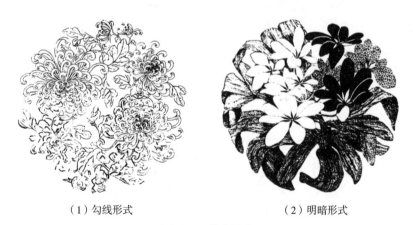

（1）勾线形式　　　　　　　　　　（2）明暗形式

图2-6　花卉图案

画叶子时先画主脉。只有决定了叶脉的走向，才能正确地表现叶子的转折面，使叶子的外形轮廓得以展示。

一枝花有主枝和分枝之分，枝梗有曲直、长短、分叉。新枝老梗的不同，以及疏密、穿插等布局的安排，既要求统一，也要求有变化。花卉在我国已有数千年的种植历史，品种繁多。在烹饪工艺造型中，花卉最普遍、最广泛地被采用。

由于花卉各自具有不同的生长特征，因此在具体造型时应了解这些花卉的外貌和生活习性。

下面是几种常见的花卉特征分析。

1. 牡丹花

牡丹，属于毛茛科落叶灌木。叶大，为羽状复叶。叶柄长，互生，一出必九叶。花冠大，有复、单瓣之别，色有红、白、紫、橙等，以黄色为贵。

牡丹花瓣肥大硕美，花瓣边呈不规则的齿状生长，瓣与瓣之间交错插生，花瓣多张开。色彩鲜艳，富丽堂皇，变化多样，品种繁杂，被誉为花卉之冠。

牡丹造型常选用柠檬片、火腿片、番茄片、黄瓜片、蛋黄皮片分别修切半圆齿纹形重叠卷制成花朵。海蜇头、银耳经整理制作花朵。各色萝卜经雕刻也可制成花朵。

2. 月季花

月季，属蔷薇科落叶灌木。茎有刺，叶为羽状复叶，小叶3~9片不等。花冠大，花瓣重叠生长，边缘整齐，外瓣翻卷，层次丰富，以含包待放时最美。月季花有红、橙、黄、白、紫、蓝、浅绿、咖啡等颜色。月季花型美丽，花期长久，是人们喜爱的花卉，有"幸福""和平"之称。月季与蔷薇、玫瑰同属一科，形态酷似，号称蔷薇园内三姐妹。

月季造型基本同似牡丹，常选用色彩艳丽的果蔬原料。手法为原料切成半圆形薄片后重叠、包卷、翻边塑造花朵。也常用果蔬原料作雕刻，用于各式菜肴的点缀。

3. 玉兰花

玉兰，属木兰科落叶乔木。每年初春，玉兰不待新叶吐绿，便争先绽开。一朵朵亭亭玉立，玉容皎洁；一瓣瓣高洁无瑕，纯净似玉；一缕缕清香飘扬，沁人心脾。

玉兰花，色似玉，香似兰，故名玉兰。玉兰每花9瓣，瓣扁长呈圆弧状，细薄娇洁，色白透青，9片白玉花瓣，分三层交叉重叠，围置在小莲座似的紫绿色花蕊周围。

玉兰花造型常选用蛋白、蛋白糕、白萝卜等原料。拼摆中将原料分别切成玉兰花瓣形，分别重叠拼摆花朵。象牙白萝卜采用雕刻手法制作花朵。

4. 睡莲花

睡莲，属多年生宿根草本水生植物，有"睡美人""水芙蓉"之誉。睡莲花开在盛夏，每天中午盛开，日落时即行闭合，次日又开，一般可连续开放3~4天，最长可开放10余天。睡莲花高洁素雅，花叶皆浮于水面，莲瓣有尖、圆、长、阔、碎、细之别；花色有红、白、黄、洒金、紫之别，以白色最多，红、金色为贵。

睡莲花的造型方法与玉兰基本相似，花瓣层次丰富。拼摆时将原料切成花瓣形呈立势状拼摆盘中，也可将原料重叠拼摆花形。

5. 大丽花

大丽花，属菊科多年生草本植物，又名西番莲、地瓜花、苕菊等。大丽花的花期长，花朵大，花型美丽；花瓣重叠错生，排列整齐均匀而紧密；色彩鲜艳，品种繁多。大丽花与中国的菊花相似，又称为大丽菊。大丽花有单瓣、重瓣之分，有红、橙、黄、白、淡红、紫、洒金色及各种杂色，花形硕大饱满，是颇有欢赏价值的世界名花之一。

大丽花的造型方法一般有拼摆与雕刻两种，常选用蛋黄皮、火腿、莴笋、番茄等原料切成长条片分别对折，依次排列围拼2~3层即成。葱切段刻制后经水泡翻卷成花朵。各色萝卜采用较为规律的雕刻处理作花朵。

6. 水仙花

水仙，属石蒜科多年生草本植物。水仙叶片青翠，花朵秀丽，花香扑鼻，株态清高素雅，每茎上有花4~8朵，银白色的花朵有6瓣，瓣中心有一黄色杆状蕊冠。严冬春节到来之时，正是水仙开放之际，它是我国冬季生长开花的珍贵花卉。水仙花以它亭亭玉立的姿态，素雅洁美的秀色，幽幻细匀的清香，为人们增添恬静愉快的情趣。

水仙花的造型主要以叶为主，花为点缀。清秀流畅的绿叶是造型的关键所在。

7. 菊花

菊花，属多年生宿根花卉，在我国已有3000多年的栽培历史。菊花种类繁多，花色丰富，成为世界上品种、色彩最多的花卉。一般以花的大小可分成大菊系和小菊系；依花瓣形态来分，可分为单瓣类、桂瓣类、管瓣类；依花形分又可分为宽瓣形、荷花形、莲座形、球形、松针形、垂丝形等多种花形。菊花花期长而色不一，是人们喜爱的花卉之一。

菊花的造型形式以拼摆与雕刻为主。根据花形将原料切成花瓣形，依次重叠拼摆成花朵，常用果蔬雕刻而成。

8. 梅花

梅花，属蔷薇科，又名春梅、红梅、绿梅。树形落叶乔木或灌木状，树冠圆形，高达10米，干皮灰褐色，小枝细长，绿色；叶椭圆形或卵形。花色有变异，有红色、白色等，花瓣有单瓣或重瓣，每年2~3月先开花后生叶。

梅花为我国特产树本，植梅历史悠久。在冰中育蕾，在雪里开花。梅不畏严寒，独步早春的精神，历来象征人们的刚强意志和崇高品质。

梅的拼摆方法一般采用深色原料作树干，呈曲折式置于盘中。

二、动物写生

动物的种类很多，它们的形态千变万化，在写生时，首先要仔细观察，了解动物的结构。在烹饪动物图案造型中，如忽视动物的结构，甚至把动物结构搞错，就会感到别扭、不舒服，有时感到畸形、不健康，以此图样制成的拼盘非但不能引起人们的美感和食欲，反而令人感到厌恶。所以在物象变化中，要力求弄清动物的结构，并把结构的来龙去脉交代清楚。据查考，我国古代的"龙""凤"在生活中是没有的，但我们觉得他们合情合理，看来既舒服得体，又很美观，这主要是符合爬行动物和鸟类动物的结构特征关系。总之，对某一动物在动态处理上可千变万化，然而其基本结构不变。

写生时被描绘的动物动态、形象要完整，动态要符合其变化规律。对于偶然性的、不健全的或畸形的动态表现是不宜采用的。写生时，不但要表现其静态的或动态比较小的动物，还要表现动态较大的动物。要善于捕捉各种动物瞬息万变的形态能力，抓住动物在一瞬间的形态特点，抓住动作中生动的"运动线"，这一条运动线，包括动物的头部、颈部和躯干部分的运动趋向以及四肢的伸缩动态（图2-7）。

（1）勾线形式　　　　　　　　　　（2）明暗形式

图2-7　动物图案

兽类和鸟类的形态，伴随着它们的种类不同，其特点、性格和生活习性不同，呈现出的形态也有所不同。特别是兽类表现出的各种动态是与它的性格相一致的。什么样的动物性格必反映出什么样的形态。典型性格，又表露出典型动态。如果把典型动态刻划出来，造型便具有了生动的感染力。动物的神态显得较单纯，大多数动物的表情、神态是通过其动作体现的，只有少数动物才涉及五官表情的变化。所以，一般地说，能够正确地刻画动物的形体结构及体态特征，就可以表现出其神态。

在观察、分析、研究动物的动态、形体和习性特征的同时，还得将这些特征加以突出和夸张，使其更为明显。如鹤、鹭、鸳等飞禽形象，比较倾向于瘦型，可以把形象适当地夸张得稍瘦一些，再加上它们的瘦而长的腿和脖，既符合它们总的形象，也反映它们的特点。燕子的形象如果夸张得比原来瘦一些，既显得灵活，又体现出飞行迅速。鹅、鸭等家禽倾向于肥一些的形象。色彩绚丽或斑纹灿烂的飞禽，以介于肥瘦之间的形象较美。孔雀、凤凰之类的飞禽，应重点描绘、夸张羽毛。在写生时，要弄清羽毛的生长规律和来龙去脉，对其整体乃至局部加以仔细的观察和分析（图2-8）。不论画飞禽或走兽，总是包含着作者的思想、情感，给人以启示，有的会引起人们的联想。通过生动的动物形象描绘，达到给观赏者以健康的、向上的、乐观的联想和感受。

图2-8　羽毛夸张

下面是几常见的动物特征分析。

1.孔雀

孔雀属鸟纲,鸡形目雉科动物,体长约230厘米。头顶冠羽呈翠绿而端部蓝绿;颈和胸呈金亮的青铜色;背和腰翠绿,各羽中央具铜褐色矢状斑;翼上复羽均呈金属绿和蓝;尾上复羽特别长大,形成尾屏,呈金属绿色,缀以眼状斑,斑的中部深蓝,四周铜褐;腹和肋呈暗蓝绿色。雌鸟无尾屏,羽色亦不华丽。眼褐;

嘴和脚黑褐。

孔雀造型常采用雕刻与拼摆相结合的手法。头、颈雕刻，尾屏、身羽拼摆。

2. 红腹锦鸡

又名金鸡，体长 100 厘米。头上具金黄色丝状冠羽；脸、颈和喉为锈红色；后颈呈金棕色并具黑色羽缘；上背浓绿，背的余部及腰均浓金黄色；腰侧转深红；肩羽暗红中央尾羽黑褐，布满桂黄色斑点。雌鸟头顶和后颈乌黑，并杂以肉桂黄色，上背棕色而具黑褐横斑，上体余部棕褐。眼褐，嘴和脚均为角黄色。

红腹锦鸡的造型用各种色彩艳丽的原料拼摆，色调为红色。

3. 鸳鸯

体长不到 50 厘米，雄鸳鸯是美丽的鸭类，其前额及头顶呈金属紫绿色，冠羽较长，其底层绿色，中间白色，上层栗色，头侧淡赭，眉纹纯白，颈栗色，自背至尾为绿褐色，肩部二侧有白纹二条，翼呈金属蓝色，腹部纯白。眼棕色，嘴红，脚和趾红黄。

鸳鸯的拼摆以雄鸳鸯造型为主，雌鸳鸯为辅。选用多彩原料拼摆鸟体羽毛。

4. 天鹅

又名大天鹅、鹄。雄鹅体长 150 厘米，雌鹅体态较小，多在芦苇丛生的大型湖泊岸边群居，有白天鹅和黑天鹅之分，黑天鹅周身墨黑，眼红。白鹅全身洁白，嘴黄，顶端呈黑色，脚黑色，头呈扁圆形，脖子细长而灵活。

天鹅两翼展开宽大硕长，体态非常优美，在水中浮游时，经常变换多种姿式，其脖颈时而直立，时而弯曲，时而为圆形，时而为"S"形，婀娜多姿轻盈自如。

天鹅造型时，首先选择好天鹅的姿态，然后根据原料的色泽、形状进行切片拼摆。象牙白萝卜是天鹅雕刻的最佳原料，也可利用原料自身的色泽、形态塑造天鹅。

5. 丹顶鹤

又名仙鹤。体长可达 120 厘米以上，全体几乎纯白色，头顶裸皮艳红，喉、颊和颈大部呈暗褐色，飞羽黑色，形长而向下弯曲。眼褐；嘴绿色；脚铅黑。鹤两翅硕大，飞翔力极强，在飞翔中姿态娴熟优美。仙鹤的双腿细长有力，常独足静立，体态沉静而安详。

仙鹤拼摆的选用黑、白原料切片拼摆，身姿态平衡是造型的关键所在。

6. 喜鹊

体长 52 厘米，肩羽，二肋及腹部均白，腰部混以灰色和白色，其余体羽大都黑色，初级飞羽内夹白而外夹黑，其余翼羽及复羽皆黑并有金属蓝绿色光泽，尾、眼、嘴和脚均为黑色。

喜鹊被人们视为吉祥的象征，喜鹊造型拼盘在婚宴中倍受人们喜欢，拼摆时，构图为两鸟相对，红梅相衬。原料排列为黑白相间，层次分明。

7. 雄鹰

体长约为 51 厘米，头顶和头侧均为黑色，上体余部包括二翼表面均暗灰褐色，尾与背同色而具有四条宽阔的黑褐色横斑，羽端近白；下体灰白，颏和喉杂以黑褐色纵纹，胸腹及二肋均布以灰褐色横斑，尾下复羽纯白。眼金黄；嘴黑；脚橙黄色。苍鹰飞行疾速，栖山林间，善捕捉小动物。

苍鹰的造型以眼、嘴为神态，宽展硕大两翼与锋利的双爪为动态，拼摆选用褐色原料为鹰羽主色，绿色原料作翠松相陪衬，构成一盘生动有趣的拼摆。

8. 梅花鹿

体长 140~160 厘米，肩高 110~120 厘米。雄鹿长有漂亮的双角。梅花鹿皮毛红褐色，春季换毛时，脊背部呈梅花状的白色斑点，臀部有明显的斑块。它以擅跑敏捷而又发达的四肢给人们留下深刻的印象。

梅花鹿在拼摆中应掌握鹿体的基本结构并注意颈躯的合理安排，尤其是双角和四肢，更要谨填处理，原料分别切片、块形，顺结构依次重叠拼摆。

9. 熊猫

形体似熊，体长约 150 厘米，肩高约 66 厘米，头圆尾短。皮毛细有光泽，眼周和耳朵、四肢及肩带都呈黑色，其余部分皆为洁白色。熊猫以其独特的黑白对比色彩和圆滑可爱的形体，赢得人们的喜爱。

熊猫造型一般选用黑白分明的色泽原料拼摆。形象力求刻画出圆滑可爱的体形以及笨拙缓慢的动作来增添宴席的雅趣。

10. 虎

体长约 200 厘米，尾长近 100 厘米。东北虎是世界上最大的虎，头大而圆，眼上方有一块浅白色区，因此有白额虎之称。毛色淡棕黄，间有黑色细条纹，背部色较浓，唇、颌、腹部和四肢内侧为白色，尾部有黑色环纹。

虎以凶猛威武著称于世，号称"兽中之王"，拼盘造型选择一最佳特性的姿态，布局盘面中。虎纹常用烤鸭皮切制成锯齿状表现。

11. 马

体长 160~180 厘米，肩高 120~140 厘米，头小，面部长，耳壳直立，颈部有鬃，四肢强健，每肢各有一蹄，善跑，尾生有毛，是重要的力畜之一。毛色光洁透亮，常见的皮色有枣红色，银白色、黑色等。

马以强健的四肢、优美的奔跑姿态，受到人们的赞美和描绘。马的造型手法丰富，常以烧鸡、白斩鸡为拼摆原料。通常用南瓜、萝卜等原料雕刻。

12. 牛

身体强大，趾端有蹄，头上长有一对角，尾巴尖端有长毛，力气大。我国常见的品种有黄牛、水牛、牦牛等几种。

牛给人以忠诚、勤恳、奋力上前的精神，因而受到人们的赞颂。牛的形象表现手法多样，可以将原料切片拼摆，也可以用果蔬原料雕刻。

三、风景写生

由于风景的组合物象丰富而复杂，风景图案在烹饪图案造型中往往是亭台楼阁、山水、花卉和动物相组合，在造型上有一定的限制。所以在风景写生时，不能看到什么就画什么，要有所选择、有重点地描绘。一幅风景图案的构成，要求在特定的主题思想指导下，对组成风景的诸多因素，进行有条不紊的加工归纳，也就是写生中必要的取舍。画面上黑白、疏密的分布安排，线条粗细、曲直的运用，景物的高低、远近、大小的配置，色彩的调和与对比的选择等，这些艺术处理的形式法则，都必须为烹饪图案的主题服务。

风景图案写生时，必须注意风景的层次。如在描绘满山遍野的树木，前后重叠的建筑时，要尽可能分清层次。描绘的对象如看不清楚，不妨走近去观察、研究一番。在写生时，可以根据需要移动位置进行作画，也就是说，可以不受焦点透视的局限。画画走走，走走画画，也可把前、后、左、右的景物根据设计的意图组合在一个画面上。

风景图案写生，还要重视对构成风景的个别物象作详细的描绘，以突出主题。水的波浪，山的起伏，云的飘动等，都要画得具体。

风景中的具体物象较为复杂，层次较为丰富，在写生时，除了用勾线表现外，还可利用黑白的点、线、面进行光阴处理，以便区别各种物象和景物的层次关系（图2-9）。

（1）勾线形式　　　　　　　　　　　（2）明暗形式

图2-9　风景图案

四、人物写生

神态是人物写生的灵魂。我们始终应该要求"以形写神"，使之"形具而神生"，达到"形神兼备"的效果。除了人体结构这一自然属性外，人还有社会属性，这主要表现为人的思维能力及由此产生的思想水平。具有一定思想水平的人，在一定的时刻、一定的环境中，会产生一定的思想感情；在外观上，人的思想感情表现为人的精神状态特征。人的精神状态主要是通过人与人或人与环境的关系表现出来的。具体到某一个人，精神状态是通过其表情和动态体现的，其中眼睛的神态起突出的作用，许多人把眼睛比喻为"人的灵魂之窗"。人的动态主要指的是手势和体态（包括全身肌肉的紧张或放松），其中手势起重要作用，所以手势历来有"人的第二表情"之称。

在人物写生表现中，人物的神态刻画是通过具体人物形象结构特征的变化来体现的。例如，嘴角上提，五官结构往一起收拢，则面部呈现微笑愉快的表情；嘴角往下拉，五官结构拉长，则面部呈现不愉快的表情，等等。由此可见，没有高超的刻画形体结构特征的能力，也就谈不到深入地刻画神态特征。但是，形体结构特征的刻画是表达神态的手段，而不是决定因素，决定因素是对人的精神状态的深入理解。

人物的写生必须了解人体造型结构与动态规律，掌握人体全身比例，目的是写生或雕刻时便于合理区分人的各个基本部分，观察人体的比例，一般是以头部的长度作为单位。男女成人一般是七个半头高，男性体形最宽的部分是肩部，等于二个头高。而女性形体最宽的部分是在腰以下的骨盆部分。肩膀比男性要狭窄一点，另外，小孩全身的比例特点是头大腿短，不掌握这些规律就容易把他们画成缩小了的大人。在实际生活中，人的比例是千差万别的，但正是这个最一般的"标准比例"，使我们在观察各种比例特征时，得到不少方便。

各民族的舞蹈、体育运动的某个姿态，以及优美而有节奏的某些劳动动作等，尽管动作发生了变化，但比例结构不变。在进行食品雕刻的人物写生时，应该注意观察，抓住这些特点。

在人物写生中对外形轮廓的线条，要力求简练、概括。不要因人体次要的关节和肌肉的描绘影响简练、概括的外轮廓线。有的线甚至可以从头到脚连贯地画一条线，尽力避免和去掉一切次要的转折和衣褶等。

应注意刻划人物的神态。重视头部、肩、腰和手势的描绘，观察一个人物的动作，看到其轴线与边线的方向，其形状与体块，以及色调与质地，对食品雕刻人物的表现具有决定性的作用。

服装和衣褶的处理往往可以增加人物的装饰效果。依据人物的形态，处理好各部分衣褶之间的主次、繁简、疏密和虚实关系。

　　人物的写生，以选择平光为宜，主要是便于运用线条进行描绘。选择的角度可以根据具体情节而定，要选择适宜表现主题的动作、姿态。在这一方面，装饰性很强的传统飞天、仙女人物形象，是值得我们借鉴的（图 2-10）。

（1）勾线形式　　　　　　　　　　　（2）明暗形式

图 2-10　人物图案

　　在写生的过程中，表现人物动态的明显特征部分，要加以夸张，使特征更加明显。例如，舞蹈、运动中的人物、身段可以适当长一些，动作可以大一些，线条的动感可以加强一些，这样更能表现出姿态优美的艺术效果。

思考与练习

　　1. 学习烹饪工艺美术为什么要对物象进行写生？

　　2. 简述烹饪图案写生的形式以及观察方法。

　　3. 烹饪图案写生透视的基本原理是什么？

　　4. 花卉、动物、人物、风景写生中各自的特点是什么？

　　5. 对照物象（花卉、动物、人物、风景）进行速写练习。

　　6. 物象默写（花卉、动物、人物、风景）练习。

第三章

烹饪色彩

本章内容： 色彩的基础知识

色彩的冷暖

烹任色彩的情感性与象征性

烹任色彩的配合

烹任色调处理

餐厅色彩和光照

餐厅装饰与色彩应用

教学时间： 8课时

教学目的： 本章是课程基础与表现学习的内容之一，让学生了解和识记色彩的基本概念和色彩特性。培养色彩感觉和掌握色彩明度、冷暖、色调的变化规律，明确餐饮色彩与光照的作用，并能够应用所学色彩知识处理餐饮环境的装饰布置和烹任菜肴的色彩配合。

教学要求： 1.了解色彩的来源与色彩三要素，具有分辨色彩冷暖色性的能力。

2.理解和识记光与色的关系、色彩的心理和生理作用、色彩的情感性与象征性、色彩的味觉产生、餐厅色彩的选择及意义。

3.掌握食品原料色泽分类、餐饮色调处理与应用、餐饮色彩和光照。

4.掌握餐饮环境色彩与食品色彩的特性。

5.熟练掌握色彩的搭配方法。

课前准备： 在本章学习前，配合教学内容阅读相关的艺术作品，培养学生色彩审美能力与应用能力。

马克思说过："色彩感觉在一般美感中是最大众化的形式。"人类生活在一个五彩缤纷的世界，天天都与色彩打交道。蔚蓝的晴空、茵绿的草地、金黄的谷粒、银白的棉朵、苍郁的树木、白雪皑皑的高山、姹紫嫣红的花朵……大自然把彩色世界赐给了人类，人类又用自己双手创造的人工的色彩世界回馈了大自然。美味可口的食品色彩就是这人工的色彩世界之一。所谓"众色成文"，它同样是璀璨绚丽、丰富多样的，令人赞叹不绝。实践证明，中国烹饪已形成自己的独特的烹饪色彩系统。历来研究色彩的著作很多，有关色彩的理论也有好几个学派，而食品色彩的应用与色彩原理是相通的，下面我们将有针对性地学习色彩原理知识和色彩应用规律。

第一节　色彩的基础知识

一、色彩的来源

我们从物理学中知道，色与光是分不开的。色彩是物体反射的可见光作用于人的视觉器官后而产生的一种感觉。我们之所以能够看到自然界的各种物体的绚丽多彩、千变万化的色彩，是由于光的照射，如果我们处在没有一点光线的漆黑环境中，则什么色彩都无从辨别，故"色是光子之，光是色之母"。

光的来源很多，除了太阳之外，还有月亮、星星以及各种人造光源，如日光灯、霓虹光、白炽灯等，这些光源都与色彩发生着作用。不过，不同的光源对色彩的作用也有差别，如一般照明灯光呈淡黄暖色，日光灯呈淡蓝冷色，同一物体由于不同的光照就会呈现出不同倾向的黄、蓝、紫等颜色的变化。一般来说，最好的光是自然光。

在认识了光与色的关系之后，下面再来研究五光十色的形成。在17世纪中叶，英国物理学家艾萨克·牛顿透过三棱镜，发现了阳光是由赤、橙、黄、绿、青、蓝、紫七色组成的（图3-1）。夏天，我们常能在雨过天晴后，看见"赤橙黄绿青蓝紫，谁持彩练当空舞"的彩虹奇景。但生活中的颜色何止七彩，原料色彩也远不止这几种颜色。那么，它们是怎样配成的呢？也在17世纪中叶，英国科学家布列略特已发现红、黄、蓝三色间如能按照比例混合，就能产生光谱中的任何颜色，人们就把这三种颜色称为三原色（图3-2）。正是由于三原色（又叫母色）能按照比例配合，才可产生出万紫千红的色彩。配色的规律是：红配黄是橙色，黄配蓝是绿色，蓝配红是紫色，人们就把经过混合之后产生的橙、绿、紫三色称为二次复色。如果在"红配黄"的时候把红色加多一些，便产生朱红色，黄色加多些便产生橘黄色，其他依次类推，可产生"红、橙红、橙、橙黄、黄、

黄绿、绿、青绿、青、青紫、紫、紫红"十二色,组成色轮,产生着各种关系
(如图3-3)。在色轮上,相互靠近的称为邻近色,相配起来就容易调和,产生
一种和谐美。在色轮上,相对的为对比色,相配起来对比效果强烈,增加明快感。
当然,颜色不是随便相配的,俗话说:"红配黄,亮堂堂;红配紫,恶心死。"
可见色彩的组合是有一定秩序的,符合规律就能给人以和谐美,否则会产生不
平衡感,不能给人以美的感受了。故色彩学家奥斯特瓦尔德说:"和谐=秩序。"

色彩产生光波,而光波本身没有色彩,色彩是在人的眼睛和大脑中产生的。
为了选择餐饮环境色彩和食品造型的色彩,我们不妨研究一下光谱色的波长和
按频率计算的情况。人眼所能看到的光波长度在400～700nm(1nm=10^{-9}m)之间,
如图3-4、表3-1所示。

图3-1 白光通过三棱镜折射出的光谱

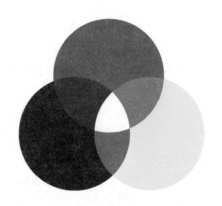

图3-2 光的三原色及间色示意图

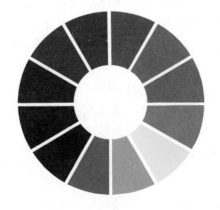

图3-3 色相环示意图

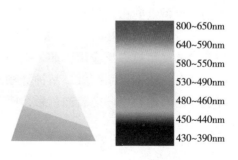

图3-4 光谱中各色光的波长

800~650nm
640~590nm
580~550nm
530~490nm
480~460nm
450~440nm
430~390nm

表 3-1　每种光谱色的波长和频率

色彩	波长 (nm)	频率（10^{12}Hz）
红	800 ~ 650	400 ~ 470
橙	640 ~ 590	470 ~ 520
黄	580 ~ 550	520 ~ 590
绿	530 ~ 490	590 ~ 650
蓝	480 ~ 460	650 ~ 700
青	450 ~ 440	700 ~ 760
紫	430 ~ 390	760 ~ 800

由此可见，每种色相都可用指明它的波长或频率的方法来确切地加以说明。那么，这就证明我们所研究的色彩不但有扩张感与收缩感是有科学根据的，而且烹调师可以根据菜肴的特色与色相波长的关系自由地选择色彩来美化食品。值得一提的是黑、白、灰等色不列入色谱，一般说是无彩色。其实，黑色的物体对色光是基本全部吸收，富有收敛性；而白色的物体则基本全部反射，富有扩散性，欧洲印象派绘画大师雷诺阿作画时，对黑色特别感兴趣，他把黑色称为色中之皇后。一般来说，黑与其他颜色相配能收到较好的效果。

至于灰色，在物理学上也是不能加入色彩之列的，与黑、白二色一样未被包括在可视光谱之中，故也被称为无彩色。不过，严格来说，它与黑、白一样，不能说它们不是色彩。其实，由于灰色是中性色，彩度低，能减少色味的刺激，产生柔和感，因此，黑、白、灰三色虽不列于色彩之中，却不宜等闲视之。总之，色彩在给人的感觉上是会变化的，有的能变得小些，有的能变得大些。如以法国红、白、蓝三色条纹的国旗为例，条纹的宽度是相等的，但升至高空，人们觉得条纹的粗细就有差别了，白色最宽，红色次之，蓝色最窄。原因在于色彩本身具有膨胀和收敛两种不同的特性。目前在生活中，物理色彩的这种大小变化的规律被广泛应用，如一间不大的餐厅，墙壁上被刷上或贴上淡色的颜料或墙布，顿觉空间扩大，精神舒畅，岂不是美的享受？如果能够根据餐饮的特色，恰当地利用环境装饰色彩，使得餐厅更明亮舒畅，更是美哉！

二、色彩的三要素

色彩是一门内容丰富的科学。它涉及物理学、化学、生理学、心理学、美学等各方面的知识，我们在这里只是为了研究烹饪工艺美术的需要而研究一下色彩的三要素，即色相、明度和纯度。

（一）色相

颜色有如人之相貌，称作色相，即是区别红、橙、黄、绿、蓝、紫六个代表颜色的名称。顺便说明一下，蓝和青区别甚微，有的就把青作为代表色。讲色相，主要是用来区分各种不同的色彩，叫起来方便。客观世界色彩缤纷，颜色多达几万种，肉眼所能辨别的也不过几十种，而绝大多数色彩是无法命名的，只能大致地说：这是偏黄的灰绿色，那是深浓的暗枣红色等。我们要善于从相似的几块颜色中比较出它们不同的地方，如对于蓝色，有钴蓝（蓝中带粉）、湖蓝（蓝中带绿）、群青（蓝中带紫）、普蓝（蓝中带黑）等。熟悉和了解各种颜色的色相、面貌，就能便于选择适合烹饪的色彩了。

（二）明度

明度是指色彩由明到暗的变化程度。明度一般来说有两种含义：一是同一色相受光后，由于物体受光的强弱不一，产生了各种不同的明暗层次，如红色原料受了光，即有浅红、淡红、深红、暗红等不同明度的变化；二是指颜色本身的明度，在红、橙、黄、绿、蓝、紫六色之中，黄最明，紫最暗。如果把一张彩色画拍摄为色相，就可以看到在画面上以紫色为最深，红与蓝次之，橙与绿再次之，黄色最亮。画面上偏于黄的色是明色，属于"明调"；偏于紫的色是暗色，属于"暗调"；其他偏于绿色的属于中间色。我们要重视色彩本身的明度、懂得色彩的调子，可以根据餐饮环境的色彩设计和食品色泽，来确定色彩明度（图3-5）。

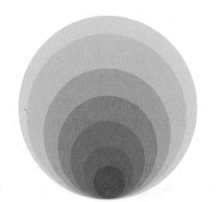

图3-5　色彩由明到暗的明度变化

（三）纯度

纯度也称彩度（或称颜色的饱和度），这是指颜色纯粹的程度。如果当一个颜色的色素包含量达到极限强度时，可以发挥其色彩的固有特性，并说这块颜色达到了饱和程度，也就是该色相的标准色。如果在黄色中掺入一点黑色或任何其他的颜色，黄色的纯度（饱和度）即随之降低，颜色略变灰；掺入越多则纯度越低，灰度也就越明显，直到变为黑浊色，黄的色素也就随之消失。黄色消失而色彩暗，称为暗色。如果对一个色相混以白色时，纯色渐失色味，减少鲜度，白色加入越甚则色彩越淡，越淡就越明，称为明色。色彩的明暗从视觉效果来看，在心理上产生重量感，即明色比实际的感觉要轻些，暗色则重些。掌握这个原则，可以调节原料的配色关系。

色彩感觉是人们长期社会实践的结果。色彩除了有以上三个要素之外，还具有使人产生许多特殊感觉的作用。这就是下面我们所要研究的内容。

第二节　色彩的冷暖

色彩的感觉依靠眼睛产生扩张与收缩的作用，是生理学上的现象。但是，色彩透过感觉的冲击影响人的心理，产生情绪，又是心理学上常见的现象。于是，色彩的感情作用又成为烹饪美研究的重要课题了。

一、色彩的冷暖

色彩的基本色，即所谓的三原色是红、黄、蓝。我们从色轮中看到的十二种颜色都是从红、黄、蓝三原色混合而成的。这些颜色不管如何变化，都有偏红或偏蓝的倾向。带有不同程度的红色、黄色，一般属于暖色；反之，带有不同程度的蓝色、青色，一般属于冷色或偏冷色。所以，颜色之间有冷暖性质之分。

色彩的冷暖，是色相的物理现象给人的心理反映，这里讲的"冷"和"暖"不是指颜色本身的温度有高有低，而是一种通感的引申，有如我们用"热情"和"冷淡"来形容情绪一样。在可见光范围内，不同色光的温度是没有区别的，只有人眼看不见的红外线才具有较高的温度。色彩的冷暖的含义有两个层次。第一层含义是指色相之间的冷暖区别，这种区别是大范围内强烈的差别，红、橙、黄、绿、青、紫等色相的冷暖差别是基于人对色彩的联想所产生的心理感受。如当我们看到红、橙、黄色时，常常联想到阳光、炉火的颜色，而觉得温暖；看到青、青绿、白色时常常会想到高空、蓝天，阴影处的冰雪，而觉得冷。一般红、黄是暖色，青、青绿是冷色，而在色相环上处于冷色和暖色中间的绿、黄绿、紫是温色。这是一般人都会有的感觉，冷暖色能唤起人们的联想。

根据人们的色彩感觉，就把有热烈、兴奋之感的红、黄系列色彩称为暖色调；看上去有寒冷、沉静之感的蓝色系列的色彩称为冷色调。歌德曾经指出，一切色彩都位于黄色与蓝色这两极之间。具体来讲，从色环上看，由红紫到黄都是热色，以橙色为最热；由青绿到青紫都是冷色，以青色最冷。紫色是由热色（红）和冷色（青）混合而成的；绿色是由热色（黄）和冷色（青）混合而成的。所以，紫、绿二色都是温性（中性）色调。歌德还把色彩划分为积极的（或主动的）色彩（黄、红、橙、黄红、朱红）和消极的（或被动的）色彩（蓝、青蓝、普蓝色）。主动的色彩能够使人产生出一种"积极的、有生命力的和努力进取的态度"，而被动的色彩，则"适合表现人的那种不安的、温柔的和向往的情绪"。证明这一观点的最有趣的例子，就是凯特查姆曾经说过的那个足球教练的奇特行为，这个教练"总是让人把足球队员中场休息时的更衣室刷成蓝色，以便营造出一种放松的气息；但当他对队员们作最后的鼓动讲话时，则让队员们走进涂着红色的接待室，以便创造出一个振奋人心的背景"。

但是，对具体色彩还要作具体分析。而色彩的冷暖性质是在与其他颜色相比较时，人所产生的印象。如带紫色调的红色苹果与带黄色的淡绿苹果放在一起，带紫色调的红色苹果就显得暖，而带黄色的淡绿色苹果本来是倾向暖的，在这比较之中却变为偏冷调了。如果在这两种苹果之中再放置一橙色的橘子，那么冷暖关系又改变了，只有橙色的橘子是暖调，其余两种色调的苹果均变成冷色调了。

另外，由于色彩的冷暖性质不同，在视觉上这两种不同性质的色彩有"前抢"与"后退"的感觉。一般暖色"前抢"，如红色、橙色、黄色，这些颜色较为明显、突出。一般冷色"后退"，如青色、蓝色、紫色（图3-6）。纯绿色是处于中间状态，但对青色、蓝色、紫色来讲，绿色是"前抢"色。因此，在餐饮环境色彩和食品造型中，可以充分利用色彩的冷暖和"前抢"与"后退"的关系，来处理就餐环境和烹饪造型的主次关系和空间深度。

图3-6　色彩有前抢与后退的感觉

二、色彩的心理和生理作用

色彩具有一种能够强烈刺激感觉器官的作用。许多菜肴设计和餐饮环境设计的实践也证明色彩对提高烹饪和环境设计视觉感受、创造良好的味觉和环境效果有着重要的影响力。在人的视觉感知中，色彩和形体具有同等重要的作用。某些情况下，色彩甚至比形体更易被人注意和感知。可见，在视觉环境设计中，色彩占有重要地位，构成环境效果的诸多要素最终都以色彩为主。烹饪色彩设计得好，往往只需花很少的费用就可以使烹饪环境气氛大放异彩；反之，设计不当会使环境气氛变得庸俗不堪。

烹饪色彩使用得好坏，除了对视觉环境产生影响外，还对人的情绪、心理、食欲产生刺激，从而直接影响人的就餐效率。实验证明，如果一个人在以橘红色为主色调的室内环境中，受环境因素的刺激，会产生一系列的生理反应，如在餐厅里，橘红色则会起到增进食欲的作用。同样，不同的色彩处理可以改变空间的量感，创造各种不同环境的情调。总之，色彩在环境设计中起着举足轻重的作用，具体表现为心理作用、生理作用等几个方面。

1. 心理作用

色彩的心理作用是指色彩在人的心理上产生的反应。色彩的辨别力、主观感知力和象征力是色彩心理学上的三个重要问题。色彩美学主要表现在三个方面，即印象（视觉上）、表现（情感上），结构（象征上）。例如，当我们置身于一个无彩色的高明度环境里，心理上就会产生一种空旷和无方向感的感觉。可是若在环境中适当进行一定的色彩处理，情况就会大不一样了，因为环境中有了吸引视觉的对象，即视觉中心。如色调处理是和谐的、富有生气的，就会使环境得到美化，从而使人的情绪为之振奋，由消极转向积极。这或许就是色彩的心理影响作用。

由于色彩之间性格不同，所以不同色彩环境对人的心理和情绪的影响也各不相同。值得一提的是，作为客观存在的物质形象，其自身并无所谓个性和表情，所谓颜色的性格和表情，是人们在长期的生活实践中把颜色与某些特定的事物相联系，并加以联想，通过色相的表面特征，由联想产生不良的心理效果。当然，颜色的表情只是建立在一般规律基础上，餐饮色彩设计必须针对具体情况灵活运用，不可一概而论，生搬硬套。根据色彩的心理感觉，大致可有视知觉、触觉、听觉等（图3-7）。

在光谱中，排列顺序（红、橙、黄、绿、青、蓝、紫）与色彩的兴奋到消极的激励程度是一致的。处于光谱中的绿色，被称为"生理平衡色"，因此，绿色往往被用来调节平衡视觉感受。

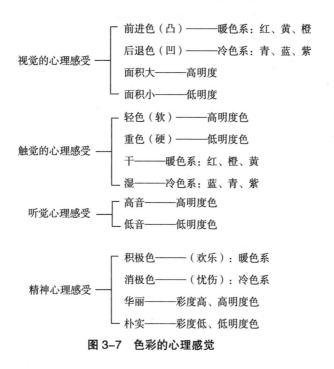

图 3-7　色彩的心理感觉

2. 生理作用

色彩通过视觉传送到中枢神经系统引起反射，部分反射通过植物神经而引起人的身体器官的生理反应。各种色彩都能对人起作用，都能影响人的心情、精神和食欲。如果人大多数时间里处于视野内的某块平面，其色彩属于光谱的中段色彩，则在其他条件相同的情况下，眼睛的疲劳程度最小。因此，从生理学角度看，属于最佳的色彩有：淡绿色、浅草绿色、淡黄色、翠绿色、天蓝色、浅蓝色和白色等。但是，任何色彩都不可能完全适应眼睛的需要，迟早会使眼睛产生疲劳，而色彩性疲劳可以调换另一种色彩来减轻这种视觉疲劳。所以，可以通过周期性的从一种色彩换到另一种色彩，换言之，就是利用色彩的关系变化，达到餐饮色彩的最佳配色的目的。

第三节　烹饪色彩的情感性与象征性

色彩能够表现情感，一般来说，是与人的联想有关的。红色之所以具有刺激性，是因为它能使人联想到火焰、流血和革命；绿色的表现性则来自于它所唤起的对大自然的清新感觉；蓝色的表现性来自于它使人想到水的冰凉。故受红色刺激，感到兴奋，脉搏有增快感，似有暖意；处在青色环境之中则觉得沉静，脉搏有减缓感，似有寒意。这些都是色彩对人的心理影响所产生的。由此可见色彩对人们的影响是很大的。

由于不同的色彩使人们在心理上产生出不同的联想，因而它能表现出不同的情感并含有不同的象征意义。一般来说，白色象征着明快、洁净、朴实、纯真、清淡、刻板；黑色象征着严肃、稳健、庄重、沉默、静寂、悲哀；灰色象征着温和、坚实、舒适、谦让、中庸、平凡；红色象征着热情、激昂、爱情、革命、愤怒、危险；橙色象征着温暖、活泼、欢乐、兴奋、积极、嫉妒；黄色象征着快活、温暖、希望、柔和、智慧、尊贵；绿色象征着和平、健康、宁静、生长、清新、朴实；蓝色象征着优雅、深沉、诚实、凉爽、柔和、广漠；紫色象征着富贵、优婉、壮丽、宁静、神秘、抑郁。

色彩的情感与象征意义是非常丰富的，以上所列只是其中一部分。但我们必须知道，色彩的感情与象征不是绝对的，会随着时间的变化而变化。

一、食品原料色彩分类与心理作用

（一）红色

在大自然中，有不少芳香艳丽的鲜花，丰硕甘甜的果实，新鲜味美的肉类食品，都呈现出动人的红色。如植物性原料中有番茄、胡萝卜、红菜头、红辣椒、山楂、樱桃、草莓、红枣、西瓜瓤等；动物性原料中有大虾、熟火腿、酱排骨、酱肚、酱肉、酱蹄、熟虾脑、红肠、腊肠等。红色给人以艳丽、芬芳、饱满、成熟、富有营养的印象，是能联想香味、甜美而引起食欲的颜色。

大红	桃红	深红	玫瑰红

在我国，红色表示着红心或赤诚。在传统习惯上被称作吉祥的颜色，诸如红米饭和红白黏糕，红对联和红灯笼。红色意味着幸运、幸福和婚姻喜事，是传统节日常用的颜色。另外，在欧洲，即使是相同的颜色，如红色，由于其颜色的深浅不同，寓意也不尽相同。深红色意味着嫉妒；红葡萄酒意味着耶稣的血，它表示圣餐或祭典；粉红色意味着健康。

心理学家认为，红色可刺激和兴奋神经系统，增加血液循环。喜欢红色的人性情易冲动，富有进取心，遇事热情奔放，不易为挫折所屈服。

（二）黄色

芬香多姿的迎春花、梅花、水仙花、菊花、向日葵等，大多都呈现出美丽娇嫩的黄色。秋收的五谷、水果、新嫩的素菜和一些加工后的原料都呈现出明快的黄色，给人以丰硕、甜美、香酥的感觉。如植物性原料中有橘子、杏子、黄番茄、黄花菜、芹菜嫩叶、生姜、竹笋；动物性原料中有煮虾、炸虾、熟鲍鱼、油发蹄筋、油发鱼肚、油发猪皮、蒸蛋糕、鸡蛋黄、肉松、熟蟹黄以及各种油炸品等。黄色在食品中广泛应用，是一个能引起食欲的颜色。其中柠檬黄给人以酸甜的感觉。

柠檬黄	中黄	橘黄	淡黄

在我国封建社会，黄色被作为皇帝的专用色，以辉煌的黄色作服饰、家具和宫殿的装饰用色。黄色也为宗教所用。因此，这无形中加强了黄色的崇高、智慧、神秘、华贵、威严和神圣的感觉。

黄色具有最高的明度，醒目、大方，给人以光明、辉煌、灿烂、轻松、柔和和充满希望的感觉。在古罗马，也作为帝王之色被尊重。在马来西亚，黄色是苏丹家族王室之色。在缅甸，深藏红色的黄色，是作为佛教僧侣所穿着的罩袍之色，具有特别的意义。

心理学家认为，黄色可刺激神经和消化系统。喜欢黄色的人性格开朗、活泼而豪爽，好奇心强，乐观，勇敢，对人忠诚坦白。

（三）橙色

橙色的同类色有橘红色和橘黄色，是以成熟的水果为名。在植物中，橙色的果实很多，如橙、橘、柚、玉米、柿子、胡萝卜等。所以橙色能诱发人的食欲，给人以香甜、略带上口的酸味色，使人感到充足、饱满、成熟，是烹饪造型中使用较多的颜色。

鲜橙	橘橙	朱橙	黄橙

橙色又是霞光、鲜花和灯光的色，它具有明亮、华丽、健康、向上、兴奋、愉快、辉煌和动人的色彩。喜欢橙色的人性格外向、善良、思维敏锐、判断力强。

另外，在佛教中，橙色给人以庄严、渴望、贵重、神秘的印象。

（四）绿色

在大自然中，绿色是植物的生命力，它给人以明媚、清新、鲜嫩、自然的感觉。绿色有淡绿、葱绿、嫩绿、浓绿、墨绿之分，再配以淡黄则更觉突出。在植物原料中有菠菜叶、油菜叶、芹菜、莴苣、葵叶、紫苏、菱叶、薄荷叶、韭菜叶、荠菜叶、香椿叶、青椒、嫩黄瓜、大葱叶、冬瓜皮、西瓜皮等。在菜肴中，保持绿叶的色泽尤为重要，如炝芹菜，晶莹翠绿，清淡醒目。又如"鸡油菜心"，色泽以鲜绿、白亮为主，格外清新而味美。

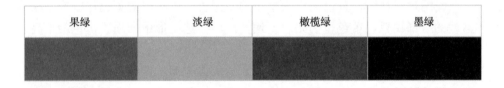

果绿	淡绿	橄榄绿	墨绿

绿色象征着春天、青春、生命、希望、和平。绿色也是使人感到平静的色彩，调节人的情趣。另外，在信仰伊斯兰教的国家，绿色是最为人们所依恋的色。在奥地利人的眼中，绿色被当作最高贵的颜色而广受欢迎。

心理学家认为，绿色有镇静神经系统的作用。它有助于消除疲劳，益于消化。喜欢绿色的人个性文静、开朗、热爱生活。

（五）蓝色

蓝色是不能引起食欲的颜色，但运用恰当，同样可以使人感到清静、凉爽、大方。在中国瓷器餐具中，以蓝、白双色构成的青花瓷盘，是作陪衬菜肴的最佳色彩之一。如用白底蓝色的鱼盘，盛青灰、嫩白的醋椒鱼，在吃了冷荤、热炒和饮酒之后，看到它，则令人有清爽、冷静之感。

海蓝	湖蓝	天蓝	深蓝

　　蓝色给人以清洁、素雅、卫生的感觉。它华而不艳，贵而不俗，是极好的衬色。另外，蓝色还使人联想到蓝天、大海、远山、空间、宇宙、冰山，具有神秘之感。纯洁的蓝色常表示单纯、幻想。

　　在葡萄牙，蓝色与白色组合代表君主。在瑞典，用蓝色和黄色共同表示国家色。在日本，蓝色也有青春之意，被用来表示一代新人。

　　心理学家认为，蓝色有降血压、使脉率减慢的作用，有助于消除紧张情绪，减轻头痛、头晕等症状。喜欢蓝色的人性格稳重、冷静、理智，但内心保守而忧虑。

（六）紫色

　　无论在自然界还是现实生活中，紫色是比较稀少而高贵的颜色。如牡丹花中以紫色为最珍贵。烹饪原料中有带皮茄子、圆葱、紫菜、红小豆、豆沙、紫葡萄。紫色属于忧郁色，可能会损害味感，但运用得好，能给人以淡雅、内在、脱俗之感。如"白汁鱼唇"一菜，就略带一些紫色，显得雅而静。

紫罗兰	玫瑰紫	葡萄紫	深紫

　　紫色给人以高贵、优越、奢华、幽雅、流动和不安的感觉。明亮的紫色好似天上的霞光、原野上的鲜花、情人的眼睛，使人感到美好。

　　在古希腊时代，紫色是国王的服色，即使现在，说到紫色门第，也含有高贵家族门第的意思。巴西则用紫色表示哀悼。特别是紫色与黄色搭配，被认为是不吉利的色。

　　心理学家认为，喜欢紫色的人具有高度的艺术创作能力，思维敏捷，观察力强，但情绪不稳定，波动幅度较大。

（七）白色

　　白色给人以贞洁、软嫩、清淡之感。糖、盐、白醋、碱……都是白色，而它们的味又各不相同，所以白色是具有味觉的色。在植物性原料中，有熟白薯、熟山药、大白菜、茭白、黄豆芽茎、绿豆芽茎、白果、莲子、白萝卜等；动物性原料有熟蛋白、熟净鱼肉、熟乌鱼、熟鱿鱼、熟扇贝、熟虾仁、熟鸡脯肉、熟猪白肚、熟海蜇、熟猪白肉等。另外，白色原料还有牛奶、奶油、淀粉、大米粉、糯米粉、粉丝、豆腐、白豆腐干、银耳、蘑菇等。

白色使人感到明亮、爽快、寒凉、轻盈。在中国办丧事以白色为孝色，突出一个素字。但在西方，欧美新娘的婚礼服是白色的，它表示的爱情的纯洁与坚贞。

心理学家认为，白色有镇静作用。喜欢白色的人办事心细，一丝不苟，注意修饰自我形象，洁身自好。

（八）黑色

在菜肴中虽有糊苦之感，但应用得好，能给人味浓、干香的感觉，耐人寻味。"麒麟鳜鱼"一菜，较好地运用了黑色来增强美感，黑得逗人喜爱。黑色原料有海参、黑木耳、发菜、熟冬菇、松花蛋等。

黑色具有很好的衬托作用，它与红色相组合效果最佳。黑色还能使不相协调的色彩统为一体。漆器餐具就是以黑色为主调，衬托出新鲜味美的菜肴。

另外，黑色给以安静、深思、严肃、庄重、坚毅的感觉，黑色还表示阴森、烦恼、忧伤、消极和痛苦。心理学家认为，黑色给人以压抑及凝重感，可增加病人的痛苦和绝望心理，喜欢黑色的人多个性暧昧。

二、色彩的味觉

餐饮色彩的味觉产生是生理—心理效应，这是一种高级的心理活动和精神享受，所以既赏心又悦目。一般色彩与食欲的关系建立在条件反射基础上。在人们心目中，早就有一个简单的概念，香肠、火腿、红烧肉、龙虾、螃蟹是红或金黄色的，所以一见红或金黄色，自然就触发了这种联想，仿佛醇香之味溢于口鼻，故而食欲大增（图3-8）。另外，粉红色或奶油色给人以"甜的"味觉。橙色或柠檬黄色带有"酸的"味觉。鲜红色的尖形表现出"辣的"味觉。暗绿色或黑色又给人以"苦"的味觉。灰色和灰褐色使人感人"咸的"和"涩"的味觉。因此，在配菜时宜考虑到这些因素。

色彩美感与食欲密切相关。古人云：色恶不食。美国的一家色彩研究所曾经做了一个有趣的实验，把煮好的咖啡分别盛在红、黄、绿三种颜色的玻璃杯中，然后请几个人去品尝，并要他们报告各自的味觉印象。奇怪的是，他们都觉得，黄杯中的味淡，绿杯中的味酸，红杯中的味美而浓。另一位英国科学家证明：蓝色和绿色使人食欲大减，相反地，黄色或橙色却可以刺激胃口，而红色能增进人的食欲。一般色彩与食欲的关系是建立在条件反射基础上的，这种关系一经固定就形成了生理—心理定势。

图 3-8　食品原料的色泽构成味觉联想

　　能够引起食欲的颜色有桃色、红色、橙色、茶色、不鲜明的黄色、温暖的黄色、明亮的绿色，统称为"食欲色"。尤其是纯红色，不但能引发食欲，还能赋予人"好滋味"的联想。

　　高明度色彩中，最佳的食欲色是橙色；黄色比纯黄更能引发食欲；绿色较容易予人好感；暗红色因为稍带紫色系，所以会减低人的食欲；暗黄绿色近似于纯而明亮的绿色，很能引人注目；深蓝色和淡紫色不适合出现在食品类的外观中。图 3-9 是两组高明度组合的食品，色泽鲜艳，明快大方，给人以强烈的食欲感。

图 3-9　高明度色彩构成的食品

一般而言,采用绿色包装的食品不易畅销。但是蔬菜类的标签适合采用绿色,西点面包、糖果类则应避免采用绿色。曾经有一家大面包厂采用绿色和蓝色系的包装,结果许多顾客都没有购买欲望。蓝色不能促进食欲,但是很引人注目。所以,蓝色可以当作食品类的背景色,因为蓝色具有调和的作用,能让人产生好感。例如,米或面等白色的食品类,总是采用以蓝色为背景色的包装,如此便可强调袋中产品的清洁感。

色彩味觉美感的丰富与想象有密切的关系,善于想象的人色彩味觉美感自然要丰富些,反之就逊色得多。故而,色彩味觉美感也能培养人的审美想象力。色彩美感的表情性更能陶冶净化人的心灵,这是不言而喻的。表 3-2 为色刺激与视觉以外的其他相关感觉的调查表。

表 3-2　色刺激与视觉以外的其他相关感觉调查表

感觉 色彩	味觉及以外的相关感觉				嗅觉及以外的相关感觉			
	纯色	清色	暗色	浊色	纯色	清色	暗色	浊色
赤	1.辣 2.甜蜜 3.糖精味	1.甜蜜 2.蜜 3.醇美	1.焦味 2.涩 3.茶	1.巧克力 2.五香味 3.腐朽味	1.浓香 2.酸鼻 3.野香	1.艳香 2.幽香	1.腌味 2.浓郁 3.烧焦	1.恶臭 2.霉味 3.腥味
橙	1.酸辣 2.甜 3.胡椒	1.甘 2.甜美 3.蜂蜜	1.苦涩 2.烟味 3.熏味	1.碱 2.杂味 3.反胃	1.浓郁的	1.温香 2.淡香 3.酪香	1.腐臭 2.酸味 3.氨味	1.泥土味 2.郁香
黄	1.甘甜 2.甜腻	1.淡甘味 2.清甜 3.乳酪	1.碱 2.醋苦 3.醋	1.涩 2.酸苦味 3.醇酸	1.芳香 2.纯香 3.甜香	1.清香 2.飘香 3.橄榄	1.腐臭 2.焦味 3.烤味	1.腐臭 2.异味
黄绿	1.酸 2.未熟	1.酸甜 2.苦涩	1.酸醋 2.苦涩	1.酸涩 2.干腐	1.芬芳 2.清香	1.轻香 2.香嫩 3.浓香	1.干霉味 2.腐臭	1.臭霉味 2.乏味 3.药味
绿	1.涩 2.酸涩	1.微涩 2.淡涩 3.香油	1.涩 2.干涩	1.苦 2.苦涩	1.新鲜 2.草香味	1.薄荷味 2.凉	1.雾气 2.窒息	1.污臭 2.恶臭
青绿	1.清凉可口 2.很涩	1.新鲜 美味 2.甜酸	1.苦涩 2.腐烂 3.咸	1.恶心 2.酸臭	1.香凉 2.果香	1.薄荷香 2.青草味	1.气闷 2.腐臭	1.发霉 2.呛鼻 3.腐朽
青	1.生涩 2.酸脆	1.清泉 2.淡水	1.油腻 2.呕吐	1.呕气 2.脏腻	1.原野之香 2.烈香	1.淡酸 2.药味 3.凉湿味	1.鱼腥味 2.臭气	1.霉湿 2.煤气味 3.锈味

第四节　烹饪色彩的配合

康定斯基说得好：色彩有一种直接影响心灵的力量。色彩宛如琴键，眼睛好比音锤，心灵有如绷着许多根弦的钢琴。艺术家是弹琴的手，只要一接触琴键，就会引起心灵的颤动。由此可见，色彩的配合、和谐、变化和节奏四项美感都是与人的心灵相应的振动。

一、烹饪色彩配合

烹饪色彩之间的相互配合，是表示环境与食品主题内容、决定色彩效果的一个重要环节。因此，餐厅色彩和食品造型时必须突出主题，做到既有多样的色彩，又有统一的色调。要处理好这一点，必须注意色与色之间的比重，即同类色的比重、对比色的比重、色块面积大小的比重等。同时，还需掌握面积大小相等的色块在不同环境色对比下的比重、明度、纯度差别（图3-10）。同类色比重和对比色比重是调子关系，块、面积大小的比重是位置关系。如果色彩比重处理恰当，拼盘造型的色彩就会促使形象突出，层次分明，产生既有变化又有和谐节奏的效果。

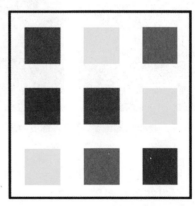

图3-10　面积大小相等的色块在不同环境色对比下的比重、明度、纯度差别

二、烹饪色彩配合方法

（一）调和色的配合

同一种色相或类似的色相所配合的色彩，是比较容易调和统一的，具有朴素、

明朗的感觉。如"生鱼片"一菜,鲜红的鱼片和金黄色的柠檬、西红柿、青绿色的花菜组合,不但口味相合,而且色彩相调和,色调统一,明快大方(图3-11)。

(二)同类色的配合

同类色的配合是指色相性质相同的颜色,如朱红、大红、橘红,或一种颜色的深、中、浅的色彩。"草莓果杯"采用红色的草莓和粉红色的冰激凌组合,色泽近似,鲜亮明洁(图3-12)。

(三)对比色的配合

运用对比色,可以使菜肴有愉快、热烈的气氛。对比色的配置,必须抓住主要矛盾,即在运用对比色时,色彩的面积可以不相等,要把主要的颜色作为统制菜肴的主色,次要的颜色作为衬托。如"芙蓉鸡片"一菜,取红、绿原料相配,衬以白色,非常醒目。又如"清金鲤虾""白炒响螺""金钱鳝鱼""白鸟归巢"等名菜,色彩对比十分丰富,显得绚丽多彩(图3-13)。

图3-11 调和色的配合　　图3-12 同类色的配合　　图3-13 对比色的配合

色彩的对比,即两个对立的色相,如白与黑、红与绿、橙与青、黄与蓝等颜色所组成的色彩(图3-14)。但色彩之间有各种不同的对比方法。

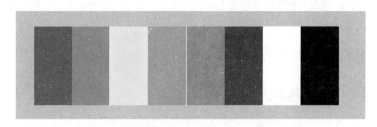

图3-14 两个对立色相之间的色彩对比

1. 强烈对比

即纯度和明度较高的颜色对比。这种对比方法，是用两种以上纯度较高的色彩进行配置。如红与绿对比，使得红显得更红，绿显得更绿，或使一种颜色变得更明快。在视觉上通过一定的补色和光线作用，产生辉煌的色彩效果。菜肴"炝糟鸡丝"，一红一绿，红、绿分明，热烈而沉静。又如"九转大肠"一菜，一为黄橙色，一为青色，给人以强烈对比的美感。

2. 调和对比

即纯度和明度较弱的色彩对比。另一种是同类色或邻近色为统治色，在某一处点缀一些对比色或在明度较弱处的面上点缀一些明度较强的色。运用这一对比法，能使拼盘色彩产生丰富的变化。如"梅花鱼圆汤"一菜，选用了淡绿色、淡红色和白色等鱼蓉做成梅花状的鱼圆，熟后浮在汤面上。红与绿本是对比色，但在白色的映衬下出现，取得了十分调和、清雅的色彩效果。又如"鸳鸯鲤"一菜，金黄、淡白双色相配，以红、绿色对比来点缀，效果既热烈又雅致。

3. 黑白对比

即明度和暗度强烈的色彩对比。黑、白对比能获得响亮的色彩效果，给人以醒目和清晰之感。如"二龙戏珠"一菜中，白色的"盐水虾仁"与墨褐色的"酥海带"形成了强烈对比。又如在瓜果雕刻中，"西瓜盅"与"冬瓜盅"，其表面图案的装饰雕刻，也是利用深色瓜皮色与白色肉瓤的对比来表现醒目的色彩效果。

另外，还应当注意利用色彩的错觉。所谓色彩错觉，即明度强弱不同而面积相同。如同面积的红与黑放置在一起，就觉得红的面积比黑的面积要大。在原料配置时，应注意和利用好这些因素。

第五节　烹饪色调处理

色调是色彩总的倾向色，它是统治食品及餐饮环境的主要色彩。色彩和造型一样有主次之分，要是一个餐厅、一盘菜肴色彩没有主次，没有形成主色调，这时色彩必然乱七八糟，不成调子。

菜肴及餐饮环境色调从色度来分，有亮调、暗调、中间调；从色性来分，有暖调、冷调；从色相来分，有红调、黄调、绿调、紫调等。但是，任何色调在一般情况下，不是倾向暖色，就是倾向冷色，不暖不冷的色调是很少的。所以，色彩的冷暖是研究色调的中心问题。

一、冷调与暖调

色调以倾向绿、青、紫色为冷色调，以倾向于红、橙、黄色为暖色调。

由于色彩具有冷与暖、膨胀与收缩、前抢与后退等感觉，不同色调就会有不同的感情色彩。表现热烈、兴奋、喜庆的色调，总是以红、黄色等暖色为主调。如喜庆宴席中，常以暖色调的餐厅环境和暖色菜肴为主，色彩造成一种热烈的节奏和欢快、喜庆的气氛（图 3-15）。而以绿、青、紫等冷色常作为清秀、淡雅、柔和、宁静的色调。这些素雅洁净的菜肴色彩给宴席带来了宁静优雅、和谐舒服的气氛。

二、亮调和暗调

亮调与暗调是以烹饪原料的色彩鲜明状态形成的。色彩的明度变化无穷，掌握色彩明暗的变化，是设计色调的关键。在设计中往往重亮调，忽视了暗调，造成色彩平淡、无生气。不论是设计亮调还是暗调，前者要有暗色的点缀，后者要有亮色的点缀，这样才能使菜肴造型生动，色彩悦目。如菜肴"雪丽大蟹""爆乌鱼花""鸡蓉海蜇""浮油鸡片"等，色调明亮，辅以少量的红、绿、黑深色配料点缀，使菜肴调给人以纯洁中透出绚丽的美感。又如南煎丸子、烤鸭、烤乳猪、烧鸡、烧鸡块、干烧鲫鱼等，色调沉稳，常以黄、金黄、白、红亮色配料点缀，给人以味浓干香、耐人寻味的美感。图 3-16 "凤赏月季"为倾向亮色调。

图 3-15 倾向暖色调　　　　图 3-16 倾向亮色调

烹饪常见主要色调有如下几种。

红色调——大红色、枣红色、酱红色、鲜红色、玫瑰红色、橘红色、淡红色等组成的色。红色调给人以热烈、喜庆之感。

黄色调——橘黄色、金黄色、杏黄色、中黄色、淡黄色、乳黄色等组成的色。黄色调给人以明快、希望之感。

绿色调——果绿色、草绿色、翠绿色、淡绿色、黄绿色、深绿色、墨绿色等组成的色。绿色调给人以清凉、爽口之感。

茶色调——咖啡色、褐色、棕色、红棕色、黄棕色组成的色。茶色调给人以浓郁、庄重之感。

第六节　餐厅色彩和光照

色彩和光照对人们的情感有着极大的影响，它可以使人感到欢愉、恐怖、平静或兴奋。这既有生理的依据，也缘于社会发展和人的实践活动的积淀。有关色彩学和光学的专门问题非本书所能尽述，这里只简单分析一下处理现代餐厅光色时应注意的一些问题。

一、光色的适用性和艺术性

光照是餐厅色彩应该考虑的最关键因素之一，因为光照系统能够决定餐厅的色彩格调。餐厅使用的光照的种类很多，如烛光、白炽光、荧光以及彩光等。不同的光照有不同的光色作用。

烛光是餐厅传统的光线。这种光线的红色焰光能使顾客和食物都显得漂亮。它比较适用于朋友集会、恋人会餐、节日盛会等。

白炽光也是餐厅使用的一种重要光线。这种光最容易控制，食品在这种光线下看上去最自然。而且，调暗光线，能增加顾客的舒适感，从而延长顾客的逗留时间。然而，白炽光的成本较高，一般适用在较为豪华的餐室。

荧光是餐厅使用最多的光线。这种光线经济、大方，但缺乏美感。因为荧光中蓝色和绿色强于红色和橙色而居于主导地位，从而使人的皮肤看上去显得苍白、食品呈现灰色。美国宾夕法尼亚州立大学饮食管理系的教授卡罗琳·兰伯特博士认为荧光会缩短顾客的就餐时间。她说："尽管餐厅有舒服的桌椅、柔和的音乐和周到的服务，然而光线（荧光）的色彩效果却不一样。这些相互作用的因素必须综合考虑。"此外，不论光照的种类如何，光线的强度对顾客的就餐时间也有影响。昏暗的光线会增加顾客的就餐时间，而明亮的光线则会加快顾客的就餐。

彩光是光照设计时应该考虑到的另一因素。彩色的光线会影响人的面部和衣着，红色光对家具、设施和绝大多数的食品都是有利的，绿色和蓝色光通常不适于照射顾客，桃红色、乳白色和琥珀色光线可用来增加热情友好的气氛。

二、光色的冷暖性与变幻性

我们生活在色彩斑斓的世界里，色彩无时无刻不在影响着我们，使我们产生着不同的情绪。在餐厅光色处理中，若需要热烈兴奋，可使光色以红、黄为主调，辅之以其他色彩，使之变幻丰富（图3-17）。酒巴和舞厅即用各种有色灯光的不断变幻，使环境气氛动荡不定，加强兴奋感（图3-18）。反之，幽雅的进餐环境则可以冷色为主，使色彩单纯而不刺激。而一般餐厅可以中性色为主，四季咸宜，老少皆合，或根据宴席需用，随时作调整。

图3-17 光色以红、黄为主调　　　　图3-18 各种光色的变幻

三、光色的时间性和季节性

夏天燥热而冬天寒冷，光色可从人的心理上调节冷暖。餐厅中，夏天可以冷色为主，冬天可以暖色为主。一天24小时，温度和自然光线不断变化，餐厅光照应随机应变。

与时间相联系的还有流行色问题。所谓流行色，是指在一定时期内人们对某一种或数种色彩的普遍爱好。过了这一时期，又会产生新的流行色。这是由人们"喜新厌旧"的心理变化所决定的。在服装上反映尤其明显，其次在家具和室内装饰上亦有反映。目前，服装流行色已引起世界的重视，很多国家都在进行研究和预测预报。适当注意这方面的研究成果，对服务人员服饰和餐厅光色处理亦有着参考作用。

四、光色的民族性和地方性

不同的国家，不同的民族，有着不同的色彩爱好；不同的地理环境，有着不同的色彩需要，这也是现代餐厅设计应当重视的问题。否则，在接待宾客时就会闹笑话，甚至引起不良后果。例如，我国对红色比较喜爱，而大多数国家不感兴趣。日本人忌讳绿色，认为是不祥之色。法国人对墨绿色也极为反感。中国的一些少数民族如维吾尔族、藏族等都喜欢高纯度的色彩对比。东方人看紫色易疲倦，而西方人视之为雍荣华贵……这些差别所形成的原因是多方面的，它与民族的生活环境、文化水准、政治历史等密切相关。认真研究这一切，才能够根据不同宾客的不同心理，调节餐厅光色和装饰对食欲的影响。有时某种色彩不能引起食欲，也可用其他条件来弥补。如海参色泽不美而质优价高，在人心理上可引起强烈的食欲。同时还可以通过色彩的组合，使不太美的色调和鲜美色调之间形成对比，求得整体效果之美。

五、光色与食欲的关系

国外心理学家曾做过一个实验：在某个餐厅举行午宴，招待一批男女贵宾，厨房里飘出的阵阵香味在迎接着陆续到来的客人们，大家都热切地期待着这顿午餐。当快乐的宾客围住摆满了美味佳肴的餐桌就坐之时，主人便以红色灯光照亮了整个餐厅，肉食看上去颜色很嫩，使人食欲大增。而菠菜却变成黑色，马铃薯则显得鲜红，客人们惊讶不已的时候，红光变成了蓝光，烤肉显出了腐烂的样子，马铃薯像是发了霉。宾客立即倒了胃口，可是黄色的电灯一开，就把红葡萄酒变成了蓖麻油，几个比较娇弱的夫人急忙站起来离开了房间，没有人再想吃东西了，主人笑着又开亮了日光灯，宾客们聚餐的兴致很快就恢复了。在国外，很多饮食企业都注意研究色彩规律，以此招徕顾客。一般说来，暖色容易引起食欲，如黄色、乳白色、淡咖啡色、大块黄配小块红等，冷色则会使食欲减退。当然，这也不是绝对的。决定食欲的因素很多，食品的色、香、味、形、质皆对食欲有影响。

人们对色彩的爱好，因人的视觉感受、习惯喜好、理想而存在差异，对色彩的感受，随着年龄、性别而有所变化。所以，在餐饮设计和装饰布置中，要注意顾客成分复杂，既要了解他们对色彩认识的共性，也要注意不同地域、国家、民族的人对色彩的审美情趣。

第七节　餐厅装饰与色彩应用

一、餐厅色彩的选择

餐厅装饰中的色彩从实用意义上加以概括,主要体现在两个方面:一是色彩的选择,二是色彩的搭配。色彩的选择包含了规律、节奏的法则,通过色彩的选择使色彩达到多样的统一。色彩选择的确定与室内的功能有关,也与室内建筑空间大小、接受阳光的多少,以及季节、气候、地域等有关。

餐厅的门厅常采用暖色系的浅黄、橘黄、土黄、土红等作为主色调,从而促进人的食欲(夏季的冷饮间例外)。暖色调给顾客以热情的感觉;休息厅采用活泼、明快的色调,给人以清醒感;客房采用柔和、幽雅的色调给人以文静感;卫生间多用冷色系的蓝绿、紫等色调,给人以清洁感。表 3-3 为餐厅各部分的色彩调配参考表。

表 3-3　餐厅各部分的色彩调配参考表

餐厅房名称	墙　壁	门、窗帘	地毯家具	备　注
门厅	白、浅黄色系列	浅黄、浅红色明亮色	浅红色系列假金色、明亮色	有迎客温暖之感
大堂休息厅	白色极浅灰色	淡雅蓝、绿系列淡雅红色系列	蓝绿色雅红色	创造高雅气氛创造华贵气氛
中餐厅西餐厅	奶油色系列浅粉红系列	鹅黄色、雅浅红及明亮颜色	茶色雅红色	增加食欲
舞厅	红色系列紫色系列	浅紫色系列宝石蓝绿色	玫瑰红色玫瑰紫色	使人有兴奋热烈的感觉
多功能厅	极浅灰色	银色浅蓝灰色	灰色系列蓝色系列	中性色调满足各种活动要求

二、色彩与餐厅建筑的关系

(1)为使室内空间具有宽敞感可选择冷色调;而使过于空荡的室内变得小而亲切,则可选择暖色调。因为暖色具有前冲感,冷色具有后退感。

(2)缺少阳光的房间宜用暖色调,而阳光充足的房间则宜用冷色调。

(3)季节的影响主要是通过室内色彩织物、绘画和其他点缀的更换来调节,即夏季采用冷色系和冬季采用暖色系。据实验证明,同一环境用冷色和用暖色两种不同处理,人主观感觉的室温相差 3℃左右。气候对每一地区来说,总是相对稳定的。如我国南方气候炎热，室内宜选用偏冷色调，而北方气候寒冷，室内宜选用偏暖色调。

三、色彩与餐厅气氛的构成

餐厅的色彩气氛是由内部色彩气氛和外部色彩气氛所组成的一个整体。内部色彩气氛的设计要比外部气氛的设计具体得多，其作用也大得多。成功的内部色彩气氛设计完全能够控制顾客的情绪和心境。内部色彩气氛的设计是餐厅空间气氛设计的核心部分。

色彩是餐厅气氛中可视的重要因素。它是设计人员用来创造各种心境的工具，不同的色彩对人的心理和行为有不同的影响。一般说来，颜色对人的心境有影响。不仅颜色的种类对人的心理和行为有影响，而且颜色的强度也有此效果，例如，明亮的蓝色有相同于红色的激励作用。

在餐厅空间气氛设计过程中，要想提高顾客的流动，餐室里最好使用红绿相配的颜色，而不使用诸如橙红色、桃红色和紫红色等颜色。因为橙红、桃红和紫红等颜色有一种柔和、悠闲的作用。在快餐馆的气氛设计中，鲜艳的色彩十分重要。这种色调配合以紧凑的座位、明亮的灯光和快节奏的音乐。过分鲜艳的色彩和嘈杂声使顾客无暇交谈，驱使他们就餐后快速离开。要想延长顾客的就餐时间，就应该使用柔和的色调、宽敞的空间布局、舒适的桌椅、浪漫的光线和温柔的音乐来渲染气氛，从而使顾客多停留一段时间。

色彩还能够用来表达餐厅的主题思想。例如，美国以前的海味餐厅多画着帆船航海图，或梁上悬挂着船灯、帆缆，甚至有救生艇。但是，现在的餐厅打破了原有的传统。设计家用冷色的绿、蓝和白微妙地表现了航海的主题，颜色的使用还与餐厅的位置有关。例如，在纬度较高的地带，餐厅里应该使用暖色如红、橙、黄等，从而给顾客一种温暖的感觉，在纬度较低的地带，绿、蓝等冷色的效果最佳。

思考与练习

1. 色彩是如何形成的？形成的因素有哪些？
2. 简述烹饪色彩的情感性与象征性的具体内容。
3. 构成主体色调的条件是什么？
4. 烹饪色彩的特征是什么？
5. 如何理解烹饪色彩的味觉产生？
6. 餐厅装饰中的色彩选择作用是什么？
7. 餐饮环境色调确定应考虑哪些因素？

8. 餐饮色彩的研究作用和实用价值的具体体现是什么？

9. 烹饪色彩的配合原则是什么？色彩配合的主要形式有哪些？

10. 如何认识餐饮环境与色彩关系的对立统一性？

11. 简述餐厅色彩气氛的构成。

第四章

烹饪造型美的法则

本章内容：形式美的构成
　　　　　　烹饪形式美的基本法则

教学时间：4 课时

教学目的：本章内容在烹饪工艺造型中有着重要的地位和作用。要求学生了解形式美的产生和发展、识记形式美的基本法则。掌握多样、统一、平衡、对称、对比、调和、比例、节奏、韵律、重复、渐次、比例、尺度的基本规律，并能够运用所学的知识指导烹饪实践活动。

教学要求：1. 了解什么是形式美、形式美的构成要素。

2. 理解形式美产生。

3. 掌握形式美的基本法则和应用的范围。

4. 熟练掌握多样与统一、对称与平衡、重复与渐次、对比与调和、比例与尺度、节奏与韵律的基本法则在烹饪实践中作用。

5. 让学生应用多样与统一、对称与平衡、重复与渐次、对比与调和、比例与尺度、节奏与韵律的基本法则进行构图表现，指导教师对学生的图形表现进行点评。

6. 掌握点、线、面的形式规律，具有利用规律进行造型的能力。

课前准备：搜集符合形式美造型的菜肴案例，并分类比较。

第一节　形式美的构成

什么是形式美？形式美与美的形式有什么区别？美的形式是指表现在具体事物身上的美的形象、样式，而形式美则是从具体的美的形式中抽象、概括出来的美的形象。二者之间是个别与一般、具体和抽象的辩证关系：美的形式是具体、个别的形式美，而形式美则是概括、抽象的美的形式。形式又有内形式和外形式之分：内形式指与内容关系更密切的各要素的组织结构，外形式则指与其关系不十分密切的内容之外在的表现形态。例如，一桌宴席用什么原料制作，这属于内形式，而原料制作成什么样式则属于外形式。形式美一般指艺术创作的外形式。外形式与内容的关系虽然不如内形式与内容的关系密切，但一般来说，它与内容的关系也必定是统一的。

所谓形式，是指具有可见性形状及其部分的排列，有了两个以上部分的组合，也就有了形式。在烹饪图案中所构成的形式美，就是借物质来表达某一功能和内容的特殊形式，并以此为媒介激发人们对美的不同感受和情绪，与顾客产生共鸣，共鸣的程度越大，感染力就越强，如有的餐饮设计使人感到雄伟，有的使人感到浪漫，有的使人感到优雅，有的使人感到亲切，有的使人感到喜庆，有的使人感到自由等。

形式美的构成首先依靠具有色、线、形、声等感性因素的物质材料。由于历史的积淀，各种不同的颜色、线型、形体和声音具有各种不同的意味。红、黄、蓝、白、黑等分别包含了一定的社会内容，具有各自的意味，至于不同的线型、体和声音也各有自己的意味。垂直线常和严肃、端正联系在一起；水平线则常与平稳相关；倾斜线代表了动态和不稳；曲线则意味着流动和优美；三角形意味着无比的稳定和权威；倒置的三角形相反，预示着危险；正方形使人感到坚实、方正；圆形则意味着周密、圆满。和谐优美的声音使人感到愉快，噪声使人感到烦躁不安，而尖锐刺耳的噪声则意味着危险、紧急。此外，餐饮形式美的构成还要依靠上述各种物质按一定规则进行排列组合。

烹饪图案的形式主要依附于食品造型，它不仅要有生动优美的形象，而且要具有人们喜闻乐见的艺术形式。内容和形式的辩证统一，是烹饪图案设计所必须运用的重要法则。因此，研究探讨图案的基本形式和规律是必要的。

第二节　烹饪形式美的基本法则

烹饪图案中的使用形式美法则，一方面是人们对过去经验的总结，带有规律性；另一方面，由于社会在不断发展，这些形式美法则也在不断地丰富和完善。在烹饪图案设计中，有时我们仅运用一种原理去制作某一图案是不够的，这需要运用多种原理、法则去指导制作。在运用这些基本理论时，首先要从实际需要出发，灵活而又顺应规律地去运用这些原理法则。只有把美的规律与实际需要结合起来，与审美的需要、不同地区、不同民族的需要结合起来正确运用，才可能创作出好的烹饪图案纹样。

一、烹饪造型的多样与统一

多样与统一法则，是适用于一切造型艺术表现的一个普遍的法则，也是构成图案形式美最基本的法则。

多样是烹饪图案造型中各个组成部分的区别，一是原料的多样，二是形象的多样。统一是这些组成部分的内在联系。一盘完美的拼盘应该是丰富的、有规律的和有组织的，而不是单调、杂乱无章的。纹样、排列、结构、色彩各个组成部分，从整体到局部均应取得多样、统一的效果。

多样与统一的法则，也就是在对比中求调和。如构图上的主从、疏密、虚实、纵横、高低、简繁、聚散、开合等；形象的大小、长短、方圆、曲直、起伏、动静、向背、伸屈、正反等。处理得当，才能达到对立统一，使整体获得和谐、饱满、丰富多彩的效果。烹饪图案造型中，相互对比的形和色，给人以多样和变化的感觉。处理好会使人感到生动、活泼、强烈、鲜艳、富有生气，但是过分变化容易使人感到松散、杂乱无章。同时宴席中不仅要有单个拼盘造型的和谐统一，而且更需要与其他拼盘造型的和谐统一。所以，统一是一种协调关系，它可使图案调和稳重，有条不紊。但是过分统一则容易呆板、生硬、单调和乏味。

多样寓于统一之中。变化与统一在图案构成上虽有矛盾，但它们又互相依存，互相促进，设计时必须处理好变化与统一的辩证关系。要做到整体统一，局部变化。局部变化服从整体统一，也就是"乱中求整""平中求奇"。在统一中求变化，变化中求统一，达到统一与变化的完美结合，使烹饪工艺造型既优美又不落于俗套。

图4-1为多样与统一的图例。"松鹤同春"一菜，以盘中的食雕仙鹤为中心，四周组拼仙鹤相对应，构成多样和谐的统一效果。

图 4-1　多样与统一的图例——松鹤同春

二、 烹饪造型的对称与平衡

　　对称与平衡是构成烹饪图案形式美的又一基本法则，也是图案中求得重心稳定的两种结构形式。

　　对称类似均齐，是同形同量的组合，体现了秩序和排列的规律性。如人身上的双耳、双目、上下肢，鸟的翅翼，花木的对生枝叶等，都形成对称、均齐的状态。在烹饪图案中运用对称规律，可达到庄重、平稳、宁静的效果。对称在烹饪工艺造型中应用非常广泛，其形式有左右对称、上下对称、斜角对称和多面对称等。

　　平衡是以同量不同形的组合取得均衡稳定的形态。人的运动、鸟兽的飞走、植物的生长，要处于平衡状态都需要掌握重心才不致失去常态。它们的特点倾向于变化，与对称相比，容易产生活泼、生动的感觉。在烹饪工艺造型中掌握好上下、左右、对角之间的轻重分量，将对烹饪图案制作起着重要的作用。

　　对称好比天平，而平衡则好比天平的两臂。在烹饪图案应用中，对称和平衡常常是两者结合运用。对称形式条理性强，有统一感，可以得到端整庄重的效果。但处理不当，又容易呆板、单调。平衡形式变化较多，可以得到优美活泼的效果。但处理不当，又容易造成杂乱之感。两者相结合运用时，要以一者为主，做到对称中求平衡，平衡中求对称。

　　在烹饪图案中，往往运用虚实、呼应求得造型的平衡效果。如一盘风景造型的拼盘，以建筑物为实，天空为虚；以花为实，叶为虚；以龙为实，云、水为虚；以鸟为实，树为虚。这样造型布局，有实有虚，有满有空，互相照应，使烹饪工艺造型更加生动。

图4-2为对称与平衡的图例。"鸳鸯戏荷"一菜，采用了对称与平衡的手法，拼盘中重叠的荷叶与鸳鸯相呼应，给人一种平衡的感觉。同时使整个盘面具有大方、稳定而富有变化的效果。

图4-2　对称与平衡的图例——鸳鸯戏荷

三、烹饪造型的重复与渐次

重复与渐次，是烹饪图案应用的主要方法之一。重复是有规律伸展连续。自然界中事物的形象和它们的运动变化，往往具有规律性。我们在千万朵花卉中选择美丽的典型花朵，加以组织变化，连续反复，即构成丰富多样的图案。

连续重复性的图案形式，是烹饪图案中的一种组织方法。它是将一个基本纹样，进行上下连续或左右连续，以及向四面重复地连续排列而形成连续的纹样。实际上对称形的图案结构也是有条理的反复。

渐次是逐渐变动的意思，就是将一连串相类似或同形的纹样由主到次、由大到小、由长到短、由粗到细地排列，也就是物象在调和的阶段中具有一定顺序的变动。

在建筑图案造型的拼盘设计方面，如表现北京的天坛、杭州的六和塔、扬州的文昌阁等，其建筑结构本身就是巧妙的渐次重复。渐次不仅是单一的逐渐变化，同时也具有节奏、韵律、自然的效果，易为人们接受。

渐变的形式很多，有空间的渐变，如方向、大小、远近以及轻重等。一般是渐变的过程越多，效果越好。另外，还有色彩的渐变。在色彩上，由浓到淡或由淡到浓的渲染也是一种渐变，如黑色渐变成白色，红色渐变成绿色，黄色渐变成蓝色等。其中一些缓和的灰色（中间过渡色）系列也将发挥良好的作用。

在烹饪工艺造型中根据设计要求作不同处理，如能运用烹饪原料本身的色泽渐变，会大大增加造型的光彩。

图 4-3 为重复与渐次的图例。"金鸡唱晓"一菜，处理中主要将金鸡羽毛依次的渐变排列，层层相叠，由大到小，使金鸡羽毛丰满，重复中见变化。

图 4-3　重复与渐次的图例——金鸡唱晓

四、烹饪造型的对比与调和

认识物与物的区别，其根据是对比。在烹饪图案中，形象的对比，有方圆、大小、高低、长短、宽窄等；分量的对比，有多少、轻重；线条的对比，有粗细、曲直、刚柔、疏密等；质感的对比，有软硬、光滑与粗糙等；方向的对比，有上下、左右、前后、向背等；色彩的对比，有冷暖、深浅、黑白等。经过对比，互相衬托、彼此作用，会更加明显地突出其各自的特点，以取得完整而生动的艺术效果。如大小对比，以小衬大，显得大的更大，小的更小；利用色彩的对比更能增强色彩的鲜明度。处理得当，对比能产生活跃感。但它比处理调和更复杂，运用不当容易流俗，不耐看。

调和与对比则相反，对比强调差异，而调和则是缩小差异，是由视觉上的近似要素构成的。如形状的圆与椭圆、正方与长方，色彩的黄绿与绿、蓝与浅蓝等，相互间差距较小，而具有某种共同点，给人一种和谐宁静的协调感。

对比与调和是取得变化与统一的重要手段。若过分强调对比一面，容易形成生硬的僵化的效果；过分强调调和一面，也容易产生呆板和贫乏的感觉。如果以对比为主，对比中有调和的因素，那么在变化中求得统一；以调和为主，调和中有对比的因素，那么在统一中求得变化。

"万绿丛中一点红"，是一个很好的配色例子。红与绿在色彩上呈补色的对比。"万绿丛"是指大面积的绿色，"一点红"则是指一小点红色。这样的绿和红，由于面积上的绝对悬殊，决定了主色调是调和的，却又有对比的因素，其配合很恰当地说明了对比与调和的辩证统一关系。一般说来，对比具有鲜明、醒目、使人振奋的特点；调和则具有含蓄、协调的特点。

图4-4为对比与调和图例。"花卉拼盘"一菜，采用原料的色彩和质地的变化而产生了对比的效果，叶子是深绿色的，花朵是浅红色的，它们的相互排列衬托花朵的鲜艳。花朵四周用黄色原料陪衬，在色彩上起到调和作用。在烹饪工艺造型中，常采用以调和为主，对比为辅的手法处理色彩关系。

图4-4　对比与调和图例——花卉拼盘

五、烹饪造型的节奏和韵律

前面讲到的重复和渐次是烹饪图案组织的重要原则之一，节奏和韵律则是这一原则的具体体现。

节奏是周期性的重复，它往往伴有规律性的变化以及数量、形式或大小的增减。事物的运动具有某种周期性和变异性，由此而形成了节奏和韵律。韵律表现为运动形式的变化，它可以是渐进的、回旋的、放射的或均匀对称的。把石子投入水中时，就会出现一圈圈由中心泛开的波纹，这就是一种有规律的周期性变化，具有一定的韵律感。在餐饮装饰布置中，十分重视餐饮空间的节奏感，以增强环境艺术的感染力。餐厅装饰的放射形韵律的吊灯、形态各异的餐具以及室内饰品陈设，给人一种富丽堂皇的感觉。韵律和节奏的应用更多地表现在餐饮建筑和餐厅环境的设计中。

烹饪图案中的节奏，是指烹饪图案造型上的线条、纹样和色彩处理得生动和谐、浓淡协调，通过视线在时间、空间上的运动得到均匀、有规律的变化感觉。韵律是从节奏中生发出来的如同诗歌般的、抑扬顿挫的优美韵味和协调的节奏感。

节奏在人们的实际生活中比比皆是，以有形的节奏来说，人们在行走时手、脚的动作、节拍、方向一致有节奏。再如建筑中的栏栅、长廊、列柱、古塔重檐、高层楼房物体也无不具有强烈的节奏感。这一法则运用于烹饪图案和食品雕刻的制作中，就可使造型具有节奏的美感。

韵律是在节奏的基础上赋予一定情调的色彩，韵律更能给人以情趣，满足人的精神享受。人们生活中常常和各种事物形成优美的韵律，同时，与节奏形成有机的结合，给人以美感。如郑板桥所画的无根兰花，在形象的排列组合中所表现的那种充满情趣的节奏美，也就是韵律的充分体现。自然风景中，也具有各种各样的韵律，如广西桂林的山水就具有区别于其他名山大川的独特韵律。那神姿仙态的山，如情似梦的水，此起彼伏，迂回曲折，显示出优美的韵律感。烹饪图案造型和宴会展台设计，如果运用得当，不但可以产生鲜明节奏，而且会呈现出鲜明的韵律感。把韵律作为设计中的一个重要法则来遵循和应用能够创造出更多更美的烹饪图案。

由此可见，节奏是由一个或一组纹样作为一个单位反复、连续、有条有理的排列而形成的。从形式上划分，它又有等距离、渐变几种形式。如渐大、渐小、渐长、渐短、渐曲、渐直、渐高、渐低、渐明、渐暗等。节奏是基础，是韵律表现的前提。而韵律则是从节奏中表现出来的一种情调。

图4-5为节奏与韵律图例。"二龙戏珠"造型中双龙的形态和运动方向的节奏变化，加上表现动感的线条，给人一种流动般的节奏感和韵律感。

图4-5　节奏与韵律图例——二龙戏珠

六、烹饪造型的比例与尺度

在一个人的视觉中，比例是产生美的很重要的因素，古典主义的"黄金分割"是 1 ：1.618，因此，这一比例最易为视觉所确认和接受，所以是美的。比例表现在整体与局部之间的长短、高低、宽窄等相对关系，不涉及具体尺寸。例如，餐厅空间的三维比例，空间作为整体与陈设物的比例，陈设物之间的比例都会产生和谐与不和谐或美与不美的视觉感受。

在审美活动中，比例指体现事物整体与局部以及局部与局部之间度量比较关系的形式构成。合适的比例能引起人的美感。当一种事物的形式构成因其内部的某种数理关系，与人在长期实践中接触这些关系而形成的舒适心理经验相契合时，事物的比例就和美发生了联系。如作画的"丈山尺树、寸马分人"，就是实践中形成的比例关系。美学的比例关系不像数学比例那样确定和机械，它往往围绕一定的数理关系上下波动，随不同时代和社会的人的不同心理经验而变化。文艺复兴时期很重视比例，达·芬奇认为："美感完全建立在各部分之间神圣的比例关系上"，他认为人体必须符合数学的比例法则，还测量了人体各个细部之间的比例。他们利用数学和几何学的成就企图找到艺术形式中最美的比例，注意到著名的"黄金分割律"在艺术美中的意义。"黄金分割"是古希腊的毕达哥拉斯学派所发现的，即将一整体分割为二时的比例约相当于 8 ：5，他们认为这种关系是最美的分割比例关系。一般说来，按照 1 ：1.618 这种比例关系组成的对象表现了有变化的统一，显示其内部关系的和谐，符合人类在长期实践中形成的生理和心理审美规律，在建筑、工艺设计中有广泛的应用。但不能把它绝对化，世间万物丰富多样，不能都用这个比例关系去套。比例关系要求和谐，体现事物的真与美。但有时为了内容的需要，有意破坏事物的比例关系，以突出其主要特征，如漫画的变形、艺术的夸张手法等。事物的比例关系为形式美的探索提供了一定的科学依据，有积极的作用。但在实际中绝对地要求和照搬比例关系（包括黄金分割律），则是不可能，也没有必要。

图 4-6 是一组比例与尺度相关的图例。食雕方塔造型的尺度涉及具体的尺寸大小与盘面空间的关系是自然的、和谐的。那么，它们的比例也是适当的。

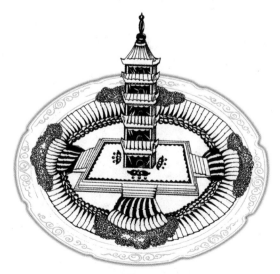

图 4-6 比例与尺度相关的图例——食雕方塔

思考与练习

1. 为什么说统一与变化是形式美法则中最重要的法则？

2. 以食品造型为例，分别设计一幅统一与变化的图例。

3. 简述对称与平衡的形式美规律。

4. 以食品造型为例，分别设计一幅对称图例和平衡图例。

5. 什么是重复与渐次？它们有什么特点？

6. 什么是节奏与韵律？它们有什么特点？

7. 根据烹饪造型的形式美原则，分别设计一幅体现节奏与韵律的平面图案。

8. 什么是形式美？它是如何产生的？

9. 构成形式美的要素是什么？

10. 简述对称与平衡的美学法则在餐饮装饰中的应用，举列说明。

11. 简述比例与尺度的形式美规律。

第五章

食品图案的艺术形式

本章内容： 食品图案的变化

食品图案的平面构成

食品图案与文字装饰

教学时间： 6课时

教学目的： 本章内容是本课程学习重点内容之一，让学生了解图案造型艺术的根本目的。掌握造型图案的艺术规律，能够应用图案变化的形式进行食品设计。识记图案夸张的艺术形式，掌握食品图案的平面构成和装饰变形美术字的设计。

教学要求： 1. 了解食品图案的变化形式

2. 掌握图案的平面构成方法，作二方连续图形表现。

3. 掌握夸张、变形、简化、添加、理想手法、应用图案变化的形式进行食品设计和制作。

4. 掌握装饰变形美术字的设计能力。

5. 提倡、鼓励学生学习和欣赏中国书法。

课前准备： 利用写生和搜集的物象图案作夸张、变形、简化、添加练习。

第一节 食品图案的变化

食品造型图案变化，是把写生和收集来的自然物象处理成食品图案形象，是食品图案设计的一个重要组成部分。通过图案变化，把现实生活中的各种物象，加工处理成适用于菜肴工艺造型的图案纹样。没有这个过程，就不能成为烹饪食用图案。

现实生活中的自然形态，有些不适用食品图案的要求，有些不符合食品工艺制作条件，不能直接用于食品图案的造型。因此，需要经过选择、加工、提炼，才能适用于一定的烹饪原料制作。

食品图案的变化，不仅要求在纹样上完美生动，具有高于生活的艺术效果，而且要求经过变化，使图案造型设计密切结合烹饪工艺的要求和特点，使制品符合"经济、食用、美观"的原则。图案变化的过程正是提炼、概括的过程。变化的目的是为了图案的设计，而图案的设计是为了美化烹饪造型。任何时候，食品图案都不能脱离食品工艺制作而孤立存在，它必须密切结合食品工艺和原料的特点，才有发展前途。

一、食品图案变化的规律

食品图案的变化，是在食品图案设计的基础上，对自然物象进行分析和比较、提炼和概括的过程。为此，必须对自然物象进行不断地认识，反复地比较，全面地理解。譬如，我们粗看梅花、桃花的花朵，认为都是五瓣的图形，但细看桃花花朵的花瓣却是五瓣尖形的。这就是通过仔细观察，找出了它们之间的共性和个性，以及形态特征。只有经过一定的思考、比较，才能在图案变化时对每类花的品种（包括各类动物及山水、风景等）特征有一个较为透切的掌握。在认识了自然界的物象之后，如何把它们变成食品图案，就需要进行一番设想和构思，这一过程在食品图案造型中显得尤为重要。所谓设想，就是体现作者进行制作的意图。例如，要变化一朵花、一片叶，就必须先考虑它做什么用，用什么原料做，达到什么效果。所谓构思，就是把设想具体地表达出来，如用什么表现手法，什么样的图案造型，以及什么色彩等。

食品图案的设想，源自于丰富的生活知识、大胆的想象力和创造性。既要根据客观对象，又不为客观物象所束缚。要紧紧抓住物象美的特征，敢于设想，敢于创造，才能获得优美的食品图案，达到图案变化的目的。

二、食品图案变化的形式

食品图案的变化是一种艺术创造，变化的方法多种多样，变化的原则是为宴席主题服务，同时，必须与食品原料的特点相结合。

（一）夸张

食品图案的夸张，是用加强的手法突出物象的特征，是图案变化的重要手法。它能增加感染力，使被表现的物象更加典型化。

食品图案的夸张是为了更好地写形传神。夸张必须以现实生活为基础，不能任意加强什么或削弱什么。例如，梅花的花瓣，将其五瓣圆形花瓣组织成更有规律的花形，使其特征经过夸张后更为完美；月季花的特征是花瓣结构层层有规律的轮生，可加以组织、集中，强调其轮生的特点；牡丹花的花瓣，将其曲折的特征加以夸张；向日葵的花蕊以及芙蓉花的花脉和其他卷状花瓣的特征，都是启发我们进行艺术夸张的依据。

又如夸张动物，孔雀的羽毛是美丽的，特别是雄孔雀的尾屏，紫褐色中镶嵌着翠蓝的斑点，显得光彩绚丽。刻划孔雀时，应夸张其大尾巴，有意将头、颈、胸的形象缩小些。在用原料造型时，选择一些色彩鲜艳的原料来拼摆，局部也可用一些色素点缀。金鱼眼大、腰细、尾长，是它们共同的特征。其颜色有红、橙、紫、蓝、黑和银白等。金鱼的形态变化较多，这一众多的变化在金鱼的名字上得到生动的体现，如"龙眼""虎头""丹凤""水泡眼""珍珠鳞"等。图案的夸张要抓住这些特征，有规律地突出局部。在造型制作时，要处理好鱼身与鱼尾的动态关系。制作鱼尾不易过厚，盘底四周可用琼脂加上蓝色素或绿色素，处理成淡蓝色调或淡绿色调，效果会更佳，更显得逼真，色彩更明快和谐。

松鼠的尾巴又长又大，大得接近它的身躯。然而，那蓬松的大尾巴却很灵活。松鼠活泼，动作敏捷，其小的身躯和大的尾巴形成一种对比，造型时应强调这一对比。熊猫就没有那么灵敏，团团的身体，短短的四肢，缓慢的动作，特别是它在吃嫩竹或两两相戏的时候，有一种雅趣之感。

当然，不论夸张哪一部分，整个形体的协调是不容忽视的。动物的慢步、快跑、疾驶，以及腾飞、跳跃、游动等，都与它们的特征和运用夸张手法联系着，不能孤立强调某一点。

图5-1为图案夸张的图例。花朵的外形和花瓣经过夸张，加强了花朵的特征，使花朵形象更概括，花瓣更明显。彩蝶采用夸张手法后，有意识地将翅膀上的斑纹处理成简明、对称的纹样，便于在烹饪工艺造型中掌握其大体轮廓，有利于工艺加工。

图 5-1　图案的夸张

（二）变形

食品图案的变形手法是要抓住物象的特征，根据食品工艺加工的要求，按设计的意图作人为的扩大、缩小、加粗、变细等艺术处理，也可以用简单的点、线、面作概括性的变形处理。

在进行食品图案造型时，要注意以客观物象的特征为依据，不能只凭主观臆造或离开物象追求离奇。要根据不同的特征分别采取不同的方法进行变化，避免牵强造作。

由于变形的程度不同，变形有写实变形、写意变形之分。

（1）写实变形：是以写生的物象为主，对物象中残缺不全的部分加以舍弃，物象中完美的特征部分则加以保留，并按照物象的生长结构、层次，在写实资料的基础上进行艺术加工，使其成为优美的图案纹样。

如菊花的叶子曲折多，月季花的花瓣卷状多、层次多，变形处理时，要删繁就简，去其多余的不必说明问题的部分，保留有特征的部分。

（2）写意变形：不像写实变形那样，在写实资料的基础上加以调整修饰就可以了，而必须把自然物象加以改造。它完全可以突破自然物象的束缚，充分发挥想象力，运用各种处理方法，给予大胆的加工，但又不失物象的固有特征，将描绘的物象处理得精益求精，符合食品工艺造型的要求。在色彩处理上，也可以重新搭配，这种变化完全给人以新的感觉，使物象更加生动、活泼。

变形是由主客观因素构成的。客观因素方面，以如鹿的变形为例，不管怎么变都要体现它那灵巧、健美、温顺的感觉；主观因素方面，根据食品美食家本身的艺术修养、审美能力、爱好和趣味，变形因人而异，风格迥异。如鸟的变形，身体可以变成各种不同的几何形、圆形、半圆形、椭圆形等；翅膀可以像飘带，可以像被风吹动的树叶，也可以像发射的光线；尾巴可以变成各种植物形、几何形；身上的羽毛更可随心所欲。大胆自如地添加变化，使物体的形象超越自然，高于自然，同时也能创造出更理想、更集中、更富有新奇感的食品艺术造型的魅力。

图 5-2 为图案变形的图例。雄鸡变形后，整个形体以及结构处理成简洁的几何形，使形象更加概括，但这些都是以雄鸡的形体结构为基础的。花卉变形后，花朵的形象突出，花瓣简明，层次清楚，更富有装饰效果。

图 5-2　图案的变形

（三）简化

简化是为了把形象刻划得更典型、更集中、更精美。通过简化去掉烦琐的部分，使物象更单纯、完整。如牡丹花、菊花等，都是丰满的花形，但它们的花瓣往往较多，全部如实地加以描绘，不但没有必要，而且也不适宜在实际原料中制作。简化处理时，可以把多而曲折的牡丹花瓣概括成若干个，繁多的菊花花瓣概括成若干瓣。

松树造型时，一簇簇的针叶构成一个个圆形、半圆形、扇形，苍老的树干似长着一身鱼鳞。抓住这些特征，便可删繁就简地进行松树造型。为了避免单调和千篇一律，在不影响基本形状的原则下应使其多样化。如将圆形的松针描绘成椭圆形，使圆形套接作同心圆处理，让松针分出层次。在食品工艺造型时要依靠刀工技术来处理，使松针有疏密、粗细、长短等变化。

图 5-3 为图案简化的图例。松树、柳树采用简化手法，删繁就简。对松针、柳叶进行概括和提炼，使其简化成几片有代表性的树叶，从而使形象更典型集中，简洁明了，主题突出。

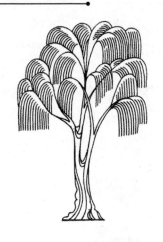

图 5-3　图案的简化

（四）添加

添加不是抽象的结合，也不是对自然物象特征的歪曲，而是把不同情况下的形象组织结合在一起，综合其优美的特征，产生新意，丰富艺术想象，但要合乎情理，不生硬、不强加。

添加手法是将简化、夸张的形象，根据设计的要求，使之更丰富的一种表现手法。它"先减后加"但又不回到原先的形态，对于原先物象进行加工、提炼，使之更美、更有变化。如传统纹样中的花中套花、花中套叶、叶中套花等，就是采用了这种表现方法。

有些物象已经具备了很好的装饰因素，如动物中的老虎、长颈鹿、梅花鹿等身上的斑点，有的呈点状，有的呈条纹。梅花鹿身上的斑点，远看像散花朵朵；蝴蝶的翅膀，上面的花纹很有韵律。其他如鱼的鳞片、叶的丝脉等，都可视为各自的装饰因素。

但是，也有一些物象，在它们的身上找不出这样的装饰因素，或是装饰因素不够明显。为了避免物象的单调，可在不影响突出主体特征的前提下，在物象的轮廓之内适当添加一些纹样。所添加的纹样，可以是自然界的具体物象，也可以是几何形的花纹，但对前者要注意附加物与主体物在内容上的呼应，不能随意套用。如在肥胖滚圆的猪身上添加花卉，在猫身上添加蝴蝶等。值得注意的是食品工艺造型中，要因材而取，不能生硬拼凑，画蛇添足。

图 5-4 为图案添加的图例。鸽、鸡身上分别添加了丰富的纹样，使形象更富有趣味感，产生一种美的意境。

图 5-4　图案的添加

（五）寓意

寓意是一种大胆巧妙的构思，在烹饪图案变化时，可以使物象更活泼生动，更富于联想。我们在烹饪工艺造型中，应充分利用原料本身的自然美（色泽美、质地美、形态美），加上精巧的刀工技术，融合于造型艺术的构思之中，用来对某事物的赞颂与祝愿。如在祝寿宴席中，常用万年青、桃、松、鹤以及寿、福等汉字加以组合，增添宴席的气氛。

在某些场合下，我们还可把不同时间或不同空间的事物组合在一起，成为一个完整的图案。例如，把水上的荷花、荷叶、莲蓬和水下的藕，同时组合在一个画面上。又如把春、夏、秋、冬四季的花卉同时表现出来，打破时间和空间的局限。这种表现手法能给人们以完整和美满的感觉。图 5-5 为图案的寓意的图例。

图 5-5　图案的寓意

第二节 食品图案的平面构成

一般来说，装饰图案的构成比较自由多样，不像绘画那样必须局限于特定的场合与角度。它可以突破时间、地点和透视、比例等，按照装饰的想象和烹饪工艺的需要作结构处理。特别是花卉题材，既可以在同一枝干上开出各种花朵，也可以作有规律的缠绕和连续。

一、适合图案

图案形象与一定的外形轮廓线相适合而形成的构图叫适合图案，如适合于方形、圆形、三角形、矩形、菱形、半圆形、椭圆形等各种器具；或与规整的自然物、器物的外轮廓相适合的构图，如适合于桃形、蛋形、扇形、如意形、葫芦形和方胜形等器具。它是以一个或几个完整的形象互相交错，恰到好处地安排在一个完整的外形内。所以这种适合图案必须重视构图和形象的完整性，布局要匀称。

适合图案，往往利用对称和平衡的形式作为它的基本结构。凡是对称或平衡的结构形式，能适合于一定的外形轮廓线，都能构成适合形的图案（图 5-6）。

图 5-6 适合图案

二、连续图案

连续图案的构成是以专门设计的"单位纹"按照一定的格式作有规则的排列。它主要由二方连续构成，一般称为"花边"或"边饰"，多用于糕点、瓜雕、瓜盅设计。

二方连续的构成是运用一个或几个装饰元素所组成的单位纹，进行上下或左右的反复连续排列。向左右方向连续的，叫横式二方连续；向上下方向连续的，叫纵式二方连续。图5-7为横式二方连续。

图 5-7　二方连续图案

三、几何图案

几何形图案起源很早，新石举时代的彩陶上就很巧妙地采用它来进行装饰。商代的铜器，春秋战国的漆器、玉器以及后来的工艺品上，有很多都使用几何形图案。几何形图案广泛应用于冷菜造型、面点制作和食品雕刻上。几何形图案在食品造型中更是变化无穷，由于它在内容上不表明某一具体的物象，因而在构成上运用对称、连续等方法也就最为灵活，为食器装饰图案中别具一格的一种形式（图5-8）。

图 5-8　　几何形图案

第三节　食品图案与文字装饰

一、美术字体的运用

美术字是经过装饰美化的文字形式，是图案中的有机组成部分。美术字是将一般的字用图案方法加工、美化而成，所以又称图案字。它在糕点美术中使用广泛，可作点缀装饰，也可作宣传鼓动。由于美术字常给人以新鲜愉快的感觉，可以使被宣传的内容更鲜明、更突出，所以成为装饰糕点产品必不可少的工具。

掌握美术字的书写，并运用于瓜盅、瓜灯、糕点、冷盘制作，是为了食品造型和糕点产品销售，同时也是为了满足人们日益提高的对食品美的需求，图5-9为一组利用文字装饰设计的菜肴。

图 5-9　利用文字装饰的菜肴

美术字主要有老宋体、仿宋体、黑体、新魏体、琥珀体、楷体字等。食品工艺中使用的美术字就是根据这些字体进行加工、变化而成的。要写好美术字，首先要了解书写美术字的基本法则。

（1）横平竖直。字体的笔画横要平，竖要直，粗细要均匀，笔画要统一。手写体或仿宋体在写横时，可略向上方倾斜。

（2）笔画统一。每种字体都有它特有的笔画特点，如老宋体横细竖粗，而黑体则横竖一样粗细。因此，写一种字体时，须按照这种字体的笔画特点来写，才能达到统一美的要求。

（3）上紧下松。书写汉字要求上紧下松。字的主体笔画多偏于上半部，这样视觉上才比较舒适、稳定，长形的字尤宜这样。

（4）大小一致。书写美术字必须大小一致，完整统一。

二、书写美术字注意事项

为了充分发挥美术字在烹饪图案装饰和展示等方面的作用，在制作美术字时，除了正确运用上述法则外，还要注意以下几方面。

（一）正确性

烹饪图案中的美术字是一种经过艺术化了的字体，但在字形结构上仍应根据现行汉字的规范要求，力求正确，使购买者一看便能认识。所以在制作糕点美术字时，不要过分变动字形，致使顾客不易识别。在加工、处理上，必须遵照字体的传统习惯。

（二）艺术性

烹饪工艺中的美术字的特色，就在于具有装饰美和艺术魅力，可以吸引消费者的注意，从而达到展示食品、刺激消费者的食欲、扩大销售、促进生产发展的目的。它的艺术性特点表现在单字美观活泼，具有整体美，又适合一定食品造型、装饰的需要，字与食品装饰画面相适应，具有和谐协调的美。

（三）思想性

美术字本身没有思想性。但当美术字用于食品工艺美术中，经过加工，配制在一定图案中，就会反映人们的思想感情。不同的美术字，在食品造型的美化装饰中，应用对象和范围是不同的。其基本要求是：必须用最简炼、最概括、最准确、最生动的字型，集中地表达一项或几项事物，给食者以鲜明和强烈的印象。如果制作的美术字与食品的造型图案装饰所表示的思想内容不相适应，就会降低食品图案的装饰效果，当然也就谈不上什么思想性了。

三、烹饪工艺美术中常用的几种字体

食品同人们生活密切相关。如糕点上常常用文字直接表明某种含义，以便消费者选用。因而文字在糕点中的应用就越来越重要。就目前而论，食品工艺中常用的主要字体有印刷体和手写体以及由这两类字体演变而成的美术字体。

据历史记载，我国从象形文字开始，经过春秋战国时的"大篆"，至秦代变"大篆"为小篆。不久又将"小篆"简化为"隶书"。到了汉代，又把"隶书"写成"楷书"。以后又出现了"行书""草书"等字体，一直沿用至今，图5-10为一组书法字体的演变。目前，食品工艺美术中的印模用字、果仁嵌字，直接用笔毛沾色素书写等，大多属这类行书、草书、隶书、小篆类的手写体，中秋月饼常用"篆"体印模。

图 5-10　书法字体的演变

人们在日常生活中，所接触的汉字，基本上也就是印刷体和手写体两类。随着科学文化的发展，生产社会化的需要，印刷体日益增多。书报上使用的各种印刷体，与人们的日常工作、学习、文化、生活息息相关，印刷体自然成为食品制作工艺美术中需要的美术字体，为人们乐于接受。从而较好地达到装饰、美化、展示食品的目的。为此下面介绍烹饪图案美术中常用的几种印刷体的字形及写法。

（一）宋体字

1. 宋体美术字的特点

宋体字在我国印刷史上使用很早，各个时代不断沿用，直到现在各种报刊印刷品仍广泛采用这种字体。宋体字之所以经久不衰，主要是因为它在我国文字史上具有重要意义。宋体字美观大方，足以代表我国文化的特有风格。字形方正严肃，横细、竖粗，宜使横多竖少的汉字表现挺拔，并且容易产生美观、舒适的感觉。

正由于宋体字具有以上优点，才被报刊杂志所普遍采用，也正因为它是文化教育的主要用字之一，才成为食品工艺美术中制作美术字的重要字体依据。食品工艺美术中采用这种字体，会产生一种大方、严肃、端正、肃穆的感觉，能恰当地传达出像"龙凤呈祥""鹤寿万年""民族兴旺"等内容的菜肴、面点造型图案中所包含的思想情感，充分显示了我国汉文字的表现力。

2. 宋体美术字的形式

宋体字从其形式上分，有长宋体和扁宋体两种。它们都是由宋体字变化而来的，是"印刷体"或糕点美术用字中，较为新型的一种字体。无论长宋体还是扁宋体的形态，都仍保持了宋体中的"横细""竖粗"的一贯精神，就其整体来说，不过是将宋体拉长或缩扁而已。因此，它们实质上是宋体字的一种美化形态，是变形后的宋体美术字。这种变形方法，对于烹饪工艺美术是极有用处的。因为食品的造型是千变万化的，烹饪图案中文字与其他纹样的配搭也是千变万化的。宋体美术字的自由变形，正好适应了这种变化，方便了烹饪图案的制作。

3. 宋体美术字的书写

写时可横笔细瘦，竖笔粗壮。其他笔画，如点、撇、捺、钩等则视其整体情况酌情变化，宽度大致与竖笔相等。其基本要求是排列上力求整齐、平衡，笔画须平直、准确、均匀。烹饪工艺美术中书写这种字体，基本上保存了汉字的原态和精义，但为了避免印刷字的呆板、拘谨，制作时不可单纯地摹仿，必须根据糕点工艺的需要，适当作局部改动，使之与糕点形、质、量以及表面装饰相符，力求表现得生动活泼。

（二）方体字

1. 方体字的特点

"方体字"是一种比较新型的字体，它的笔画远较其他印刷体粗。方体字用黑色印出，远看方黑一团，故又称黑体字。其特点是笔画粗壮，厚实有力，具有雄壮的外形，易于表现热烈的气氛，在烹饪工艺美术中，常用在喜庆的图案中。

方体字的笔画粗壮，适合用字较少和需引人注目的糕点图案，是烹饪工艺美术中常用来装饰食品和展示食品需要的一种字体。

2. 方体字的书写

书写方体字时，横笔、竖笔一样粗壮。点、撇、捺、钩的粗细程度，也要和横笔竖笔相适应，否则会出现不平衡的状态。也正由于它的字形粗壮，笔画多时，就不易组织，字形易流于臃肿。遇到这样的情况，要适当加工变化，使之粗细得体，以达到整体的美观大方为宜。

因为方体字的笔画粗壮，所以对一些笔画特别多的文字要妥善安排。在无法用相同粗细的笔画书写时，对某些稍次的笔画可适当调整，而对另一些笔画较少的文字，要保持其与其他笔画多的字在形态上的"平衡"和"统一"。

此外，由于不少美术字的形态，多是从这种方体字里面变化出来的，所以多阅读这种字体，能使我们在书写美术字时，对字形的变化、个别难字的处理等都大有帮助。

（三）楷体字

楷体字常用于糕点的印章、印模及部分裱花图案。楷体字是用毛笔书写的正楷体。它在烹饪工艺美术中应用范围虽不及宋体、方体、行书等字体广泛，但由于它书写方便、经济、灵活，所以也是烹饪工艺美术中不可忽视的一种字体。

楷体字的优点在于其书写要求不像宋体、方体那么严格，比较灵活、自如，能自由变化，笔画生动有致，且富有活力。如书写得好，可给人以"铁划银钩""横扫千军"的感觉。当然楷体字不如行书、草书活跃、自由，但比起其他字体仍然生动得多。另外，因其字形较娟秀，庄重气氛不够，故不宜用在端重、肃穆的糕点图案中。

根据楷体字的特点，我们在制作美术字时，要根据不同食品的需要，一方面使制成的美术字在神韵上保持楷体字原有的艺术风格，特有的形态。另一方面，在笔法上要稍加变化，以增强它的规范性，或适当加以装饰，使它不仅具有内在的美，而且具有优美的外形，以达到装饰美化食品的目的。

另外，烹饪工艺美术中还常用行书、草书、篆书及变形英文、汉语拼音等字体来装饰美化食品，但由于它们多涉及书法艺术，且流派甚多，所以烹饪工艺在使用这些字体时可因人、因物、因生产工艺的需要而异，采用相应的方法来美化糕点，形式可更加自由、灵活。它们各自的书写方法、特点等，另有专门著述介绍，这里不再赘述。

四、美术字的结构

要写好美术字，除了准备好工具，运用好工具外，更重要的是熟悉美术字的间架结构、掌握其特点，才能正确地去表现它。

（一）主笔和副笔

美术字的笔画问题，是学习美术字结构的第一个重要问题。美术字的笔画有主笔和副笔之分。主笔主要指横和竖，在单字中占主要地位，像人体的骨架，没有它的支撑，人就站不起来。副笔指点、撇、捺、钩等，尤如人体的血肉、器官，没有它人体就不完整。可见主笔和副笔虽有主次，但相辅相成，缺一不可。

对主笔的要求是横轻竖重，即横笔要轻，竖笔要重，不可轻重不分。主笔和副笔的变化，应主要在副笔上调整，主笔只能作适当伸缩，否则会影响美术字的整体感和统一性。因此，副笔也就成为美术字装饰的主要对象了。

（二）部首练习

主笔和副笔是对不同的笔画在每一个单字中的地位而言的。但就一个单字的组成来说，所有的字都是由部首组合而成的。所以，学习制作食品美术字，第一步就应当学习部首的制作，为写好美术字打下良好的基础。当然练习部首并不等于就能写好单字（除一些部首即是单字的例外）。部首作为一个单字的组成部分时，它的间架（大、小、长、短等）必须服从整个单字的需要，该长的就延伸，该短的就收缩。部首中的笔画形态，放在单字中不是一成不变的，而是变化不定的。因此，在练习部首时，应充分地注意到这一点，加强对部首各种形态的练习，为进一步学习制作美术字，打下坚实的基础。

（三）汉字的形体和比例

1. 汉字的形体

美术字是一种艺术化了的汉字。要写好美术字，仅了解一些关于美术字的特点和制作要求的基础知识是不够的，还需要对汉字（主要是现代汉字）形体作进一步的了解，只有加深对汉字形体结构的认识，达到理性与感性、理论与实践两方面的结合，才能学好美术字制作。

我国是世界上具有悠久历史、文化的文明古国之一。我国最早的文字从商朝的"甲骨文"开始，经过几千年的不断发展和演变，到今天汉字已经成为一种具有独特性的文字体系，它在形体和结构方面有自己的规律。这里主要介绍汉字笔画、结构、笔顺等基本知识。所谓汉字的形体，就是指汉字的字形，它包括笔画和结构两个方面。

汉字的笔画，和前面所讲的几种美术字的笔画一样，基本的有五种，即：点、横、竖、撇、捺。这五种基本笔画可以演化出其他一些笔画，共有二十多种，任何一个汉字大体都在这些基本笔画和变化笔画范围之内。可见笔画是构成汉字最基本的部分，没有笔画也就没有汉字。美术字的笔画构成和汉字相似。

汉字的结构是指组字构件的组合方式，现代汉字一般有上下结构、上中下结构、左右结构、左中右结构、半包围结构、全包围结构和品字结构。

了解了汉字的笔画和结构的一般特点，还要了解书写这些汉字的正确笔顺。正确的笔顺是千百年来使用汉字的人书写经验的总结，因而是约定俗成的。掌握正确的笔顺方法，按正确的笔顺写字，可以把字写得更好、更快。一般人们把汉字正确的笔顺概括为：先上后下，先左后右，先横后竖，先撇后捺，先进人后封口，先中间后两边。

2. 单字结构中的比例

在制作美术字的时候要充分考虑前面所讲的汉字的这些特点，计算好各部分在方格内的比例，同时还要注意各部分的联系。这样写出来的美术字才匀称、平稳和饱满。所谓比例问题包括几个方面。首先是整个单字的竖长和横阔之间的比例；其次是组成单字的各部首间的比例。另外，周框型的框内框外之间，也须有一定的比例，这些都要在下笔前有所考虑。当然按部首、结构来分割，也不是所有的字都适用。有的字有几个部首，就必须有大有小，有长有短，才不致于拘谨呆板。那么，哪些字的部首可以等分哪些又不能等分呢？这一般都是根据汉字原有的传统形式来决定的。

带有框的汉字，如"国""团""固"字等，这类字框内笔画较多，一般会产生臃肿现象。为了避免这一现象，就必须掌握好框内外的比重。通常这种周框的外框边线，不能顶字格，应向内收缩，否则容易显得比周围的字大。又如"日""月""口""目"等字，当它们单独作字时，要将其高度、宽度有意收缩，否则会出现不协调的现象。繁字要收缩，不要使它膨胀；简字要调整，使它不因笔画少而单薄。书写时使它局部出格，延伸宽度或高度，以求得协调。总的原则是必须符合传统习惯和生产工艺的要求。

五、装饰变形美术字的设计

变形美术字是在前面介绍的一般美术字的基础上，根据生产工艺的要求，进一步进行艺术加工而形成的一种生动活泼、富于变化的装饰美术字。它在一定程度上摆脱了一般美术字在字形和笔画上的约束，从美观的要求上重新灵活地组织了字的形体，加强了文字表达的意义，因此具有更强的艺术感染力。

在装饰美术字的制作过程中，有自由发挥的一面，也有受条件制约的一面。如糕点造型中的变形美术字，一方面要受到产品质量、销售对象的制约，另一方面又要受到圆、方、条、棱等造型的影响。所以，在食品装饰中，将美术字进行变形处理，必须把变形美术字自由发挥的一面，与受客观条件制约的一面妥善地结合起来，才能取得良好的效果。图5-11为装饰变形字体。

图5-11 装饰变形字体

（一）改变字形的原则

变形美术字虽较一般美术字自由，但也不是没有规则的。美术字的美就在于整齐、统一和完整，因此变化字形必须遵循在保持基本笔画不变的前提下，自由中有集中，变化中有统一，适应糕点图案的需要。

（二）简化与变形

变形美术字，主要是通过简化和变形两种手段形成的。简化就是让笔画过繁的字变得简单一些，以求得与邻字相协调，也才能腾出空间来进行装饰。相反，要对过于简单的文字作繁化处理。但不论简化或繁化，都应使人容易识别。

变形就是将单字的副笔进行艺术装饰，但它更美，更符合糕点装饰的需要，并具有象征文字的含意。如要表达热烈的气氛，可以通过扩大竖线的比例，再将原来的曲线进行适当地夸张、变形处理。在简化与变形中直线与曲线要使用得当，使两者相得益彰。

思考与练习

1. 烹饪图案夸张、变形的主要目的是什么？
2. 烹饪图案变形方式有哪几种？变形的内容是什么？
3. 烹饪图案简化、添加的意义是什么？
4. 根据写生稿，用夸张、变形手法设计两张平面图案。
5. 根据写生稿，分别采用简化、添加手法设计两幅平面图案。
6. 平面构成在烹饪造型中的作用如何？
7. 文字在烹饪图案中是如何运用？
8. 装饰变形美术字练习作业两幅。
9. 绘制适合图案、二方连续图案、几何图案各一幅。

第六章

食品造型艺术

本章内容： 冷菜造型艺术

热菜造型艺术

面点造型艺术

食品雕刻艺术

教学时间： 4 课时

教学目的： 本章内容是本课程学习核点内容，让学生了解食品造型艺术的根本目的。掌握食品造型图案的艺术规律，能够应用图案变化的形式进行食品设计和制作。熟记美术是手段，食用是目的的基本原则。熟练掌握冷菜、热菜、面点、食雕的造型设计方法与制作步骤。

教学要求： 1. 了解食品造型艺术是烹任工艺美术中突出的一部分、食品图案变化的规律、冷菜造型形式、热菜造型形式、面点造型艺术和食品雕刻艺术。

2. 理解食品造型艺术是属于实（食）用工艺美术的范畴。掌握自然形、图案形、象形形造型的特点。了解面点造型和食品雕刻艺术的要求与作用。

3. 掌握食品图案的变化形式、冷菜造型设计的步骤、食品原料在造型中的应用、热菜造型方法、食品雕刻的步聚。

4. 结合课题教学内容进行实践性训练。

课前准备： 阅读和欣赏各类菜肴造型

食品造型艺术是烹饪工艺美术中突出的一部分，它属于实用工艺美术的范畴。实用工艺美术的特点有实用性、技术性和美术性三方面。在食品造型艺术中，实用性即"食用性"。也就是说，食品造型艺术的根本目的是为了刺激食欲，启发品味。倘若忽视了这一点，再美的造型也无意义。所谓技术性，乃是烹饪艺师进行烹饪艺术创作的基本技能。例如，刀工的运用和火候的掌握，可使食品形色俱美。美术性是指对形式美的考究，使之具有一定的美术欣赏价值。但不管怎样，食品美术的地位，不应凌架于实用（食用）之上，即无论多么具有美术欣赏价值的食品，它必须是可食用的。美术是手段，食用是目的，主从关系不可颠倒。倘若违背了这一原则，将烹饪美术混同于普通观赏性工艺美术，便失去了食品造型艺术应有的特性。

食品造型艺术的另一特点是由它存在的时间性决定的。任何食物，都是供人食用的，它的存在时间，通常情况下只有几个小时。因此，一般不宜对食品进行精雕细刻的装饰。倘若我们在一件菜肴上花了几十小时的美化功夫，而被人们欣赏了不到两小时便毁于口腹，实在是得不偿失，非特殊隆重的宴席不可花此代价。过分的装饰，使之精美绝伦，顾客欲食而不忍，也达不到增进食欲的目的。即便从美学上讲，也失之雕琢，缺乏天趣，反而达不到美的最高境界。因此，食品造型艺术应遵循简易、美观、大方和因材（原料）制宜的原则，同时，结合食品造型图案构成规律，才能达到食品造型艺术的最佳效果。例如，有些面点只在捏塑时稍加变化，便可做成各种活泼可爱的动物形象。冷菜只需在切配装盘时稍稍考虑一下图案构成规律和布局，便使盘中生花，同时达到了很好的艺术审美效果。这种食品造型最值得提倡。

第一节　冷菜造型艺术

冷菜拼盘又叫花色拼盘或象形拼盘，也称为图案冷盘等，它是将多种的冷菜原料，用不同的刀法和拼摆手法，造型成具有一定图案的冷盘。

一、冷菜造型的形式

冷菜造型是我国烹饪技术的一朵奇葩，它不仅要求有娴熟的刀工技法，而且还要具备一定的艺术素养。要求拼摆成形的冷盘，形象生动逼真，色彩美观大方，富有食用价值，这对刺激人们的食欲，增加宴席的气氛，提高我国的烹饪艺术水平，起着积极的作用。随着人们生活质量的日益提高和我国旅游事业的不断发展，这种冷盘得到了越来越广泛的应用。

冷菜造型根据表现手法的不同，一般分为平面形、卧式形和立体形三大类。

（1）平面形。即刀面平整，近似什锦拼盘，这种拼盘偏重于食用，在注重食用价值的前提下，兼顾形态和色泽的对比。拼摆成形的冷盘给人的感受是刀工整齐、线条分明、色彩协调、可食性高，故一般常以独立的形式出现于席面上，如"三拼""六拼""什锦拼""菱形拼盘""太极拼盘"等。

（2）卧式形。一般使用多种冷菜原料有机地拼摆成各种图案的冷盘，形象要求完美大方、形态逼真，能展现出一个完整的画面，给人以一种美的享受，如冷盘造型"百花争艳""鸳鸯戏水"等。

（3）立体形。这种拼摆是用多种原料，采用雕刻、堆砌等刀工手法，拼摆成一个完整的立体造型，要求整体美观、四周和谐。既能食用又有观赏的价值，给人一种真实之感，如冷菜造型"立体花篮""亭台楼阁"等。

冷菜造型在制作过程中不仅难度大，艺术性强，而且要求色彩鲜艳、用料多样、注重食用、讲究营养，一旦展现在人们面前，就给人们一种艺术的享受，对刺激人们的食欲，增加宴席气氛，具有不可估量的作用。要把这种拼盘提高到食用性和艺术性俱佳的程度，烹调师就必须吸取艺术家的创作经验，去体验生活，观察、分析对象，掌握绘画、雕刻等艺术中的基本规律，勤学苦练，不断提高自己的艺术素养和造型技巧。

二、冷菜造型的设计

（一）构思

构思是冷菜造型的基础。在拼盘之前，必须考虑内容与形式统一，做到主题明确，布局合理，层次清楚，主次分明，虚实相间。

在构思过程中，可以充分发挥想象力和创造力，尽情表达内心的思想情感与意境。根据宴席的主题以及冷菜原料的形态、色泽和质地明确主题，确定拼摆形式。

1. 根据宴席的性质、规模和标准来构思

所谓性质，指宴席举行的原因、背景、场合、规模和标准系指宴席的风味特色，选定相应的造型形式和工艺手法。

2. 根据宴席的时间、地点来构思

时间包括季节、钟点以及进餐时间的长短。这些常常是宴席构思的重要依据。夏季宴席冷菜造型以简洁明快、色泽淡雅为佳，冬季以丰富、艳丽冷菜造型为主。

3. 根据与宴者身份来构思

这是构思中不可掉以轻心的重大问题。因为不同身份的人，有着不同的饮食习惯和不同的审美标准。例如，在中国，荷花象征"出淤泥而不染"，受人喜爱；而日本人禁忌荷花。日本人对熊猫很喜欢，对仙鹤、乌龟很感兴趣，可以拼摆这一类的图案，以增加他们的进餐情趣。法国人认为，菊花和黄色的花不吉利，在宴席中切忌拼摆这一类花与色。反之，荷兰人对黄色的花则较感兴趣，他们常以献黄色的花以示友好等。一个成功的艺术拼摆不但在于烹调师熟练的技巧，更重要的要根据顾客各方面的不同特点来构思，才能收到好的效果。

4.根据宴席的内容来构思

艺术拼盘一般多用于宴席，宴席的种类多种多样，艺术拼盘要根据宴席内容，设计出丰富多彩的题材，如宴席的形式是婚宴，可用"龙凤吉祥""鸳鸯戏水"的冷菜造型；如是祝寿宴，可用"松鹤延年""万年长青"等冷菜造型；再如迎宾宴，常用"花篮锦簇""宫灯高照"冷菜造型。总之，不管什么宴席，只要题材得当，不仅能提高就餐者的情绪，而且能使宴席收到满意的效果。

（二）构图

构图就是在构思之后的布局，根据原料的特点，在器皿上的具体摆设，把设计的形象恰当地进行安排，使其形象更为合理地展示出来，既主题突出，又使人赏心悦目。所以，构图在装盘工艺中是很重要的一环。

冷菜造型的装盘工艺，在美学观点的指导下，属造型艺术，又从属于烹饪。因而，在造型方面又有很大的约束性。正因为有这样的约束性，所以拼盘的构图不同于一般的绘画，而是有它自身特有的个性。由于拼盘造型还具有菜肴特有的形态和色泽以及餐具等特定的条件和环境，它的构图接近于图案。所以，人们习惯上又把冷菜造型称为花色拼盘和图案拼盘。冷菜造型的构图要给人以美的享受，例如，我们拼摆以蝴蝶为题材的艺术拼盘，可以从下面两方面进行。

（1）将蝴蝶形象布局在盘面正中，蝶身重叠在盘面中心线处，蝴蝶翅膀左右分开，周围点缀上小花朵形成花环，使蝴蝶寓意于花丛之中。这种左右均等的构图，构成了"对称"或"均齐"的形式美法则。看上去具有庄重平稳，统一而有宁静的效果（图6-1）。

（2）同样以蝴蝶为题材，蝴蝶形象安排偏重于盘面的一边，另一边则安排一些花朵。这类的布局左右发展虽不相同，但外形基本上相称，故而从总体上看是平衡的。这类从中心线左右安排等量不等形的构图，构成了"平衡"形式美。平衡式的构图看上去富于变化，生动活泼而有力（图6-2）。平衡式的构图，应该掌握好重心，否则便违反力学原理而失去平衡。

图 6-1　对称式构图

图 6-2　平衡式构图

在研究构图的同时，还应考虑整体布局上的艺术效果。比如，餐具的形式、色调与构图力求相互统一，切忌互相破坏，互相干扰。这需从两方面加以注意：其一是内容方面，例如，云纹盘中可拼"龙凤"造型，不可拼"金鱼"造型；其二是形式方面，例如，在一个布满青花纹样的盘中拼上花卉造型，若色彩明度、彩度等相近，则互相干扰，主次不分，餐具原有的图案美被破坏了，菜肴的美也不能充分显示。因此，在构图时应避免这些因素，力求餐具与菜肴互相衬托，相得益彰。

三、冷菜造型的制作

艺术拼盘的完成除了构思与构图外，在拼摆过程中，还要经过一系列程序，如原料的选择、刀工技术的运用、拼摆手法的变化等都有一定的技巧及关键，现分述如下。

（一）造型原料的选择

根据拼盘的题材要求，按其色彩和形态，必须做好原料的选择工作，主要注意以下方面。

（1）原料经切片处理构成一定的形象，首先需要一个基础形态和色彩，但有时仍不能满足造型的需要，只有采取加工复制手段来弥补不足。例如，拼盘凤凰造型，首先就要选用萝卜、土豆、南瓜等瓜果蔬为原料，把凤凰头部雕刻好，这好比是主体工程，其他元素均围绕主体去考虑，如翅羽、尾羽应该多长多宽，选用什么色彩等。一般可选用蛋皮、紫菜或者鱼肉、鸡皮、菜叶等包卷各种馅心成圆柱形，经蒸熟冷却后，切成椭圆形薄片，这些片状根据需要重叠拼摆成尾羽。也可用火腿、蒸蛋黄糕、蒸蛋白糕、黄瓜等原料切成柳叶形薄片拼摆成身羽。这些加工复制手段的运用也为拼盘提供了丰富的物质条件。

（2）原料自然色泽的利用。艺术拼摆选用的原料是多种多样的，面对这些繁多的菜肴原料形态，有些具有便于造型的先天素质。因此，在菜肴造型中要充分选用原料的自然形与色，更能诱人食欲，而且没有矫揉造作之感，所以拼盘尽量考虑因材施艺。如黄瓜是绿色，头、尾可作青蛙形态，片状作松针、水纹等。此外，还应考虑利用原料本身的自然色彩，如红、黄、橙、绿等色泽的运用。

（二）刀工技术的运用

刀工技术是菜肴造型的基础。艺术拼盘刀工不同于一般冷菜那样仅求整齐美观，便于食用，而是要符合施艺所需，就是利用原料的自然形，也要根据形象的需要进行刀工处理。因此在刀工上必须讲究娴熟、精巧，使用刀法除了拍斩、直切、锯切以及片法之外，还要采取一些美化刀法和雕刻手段，因而要使用一些特殊的刀具，如水果小刀、波纹刀、横刀等。也可以根据具体情况自制一些实用的刀具，切制成丰富的片、块来拼摆造型。

（三）拼摆与步骤

艺术拼盘的步骤与一般冷菜的装盘有相同之处，例如，垫底、盖面、装面。但由于要拼摆的图案不尽相同，在造型中要根据具体情况，遵循如下几个规则：先码底后盖面，先拼边后拼中间，先拼尾后拼头，先拼远后拼近，先拼主体后拼点缀。以拼摆凤凰为例，根据构图确定凤凰的姿态、比例、结构。

（1）码底。先用原料的细丝或什锦土豆泥在盘中码成凤凰身基础形态。

（2）拼尾羽。将原料切成尾羽形，依次重叠拼摆尾羽部。

（3）拼身羽。分别将原料切成身羽形薄片，重叠拼摆身羽部。

（4）拼翅羽。分别将原料切成翅羽形薄片，从最外层羽毛开始，再逐渐叠放上层羽毛，但要叠得服帖，尤其是身羽与翅羽衔接部，拼叠要自然、协调、和谐，并要注意原料色彩的搭配，做到色彩调和悦目。

（5）拼头部。头部是动物拼摆最关键的一步，拼摆要准确、精细。一般将原料精选后切成薄片拼摆凤凰的面部，然后逐步拼摆羽冠、眼睛、嘴等。力求生动逼真，表现出凤凰的神态。

（6）装饰点缀。当主体形象拼摆好后，常常在盘面的空余处做一些装饰点缀或衬景处理。将一些点缀的原料经制作拼摆在凤凰形象周围，烘托花鸟的气氛和盘面的色彩效果。最后以盘面造型整体布局为依据，进行合理的调整，达到艺术拼盘的最佳效果，整个拼摆步骤（图6-3）。

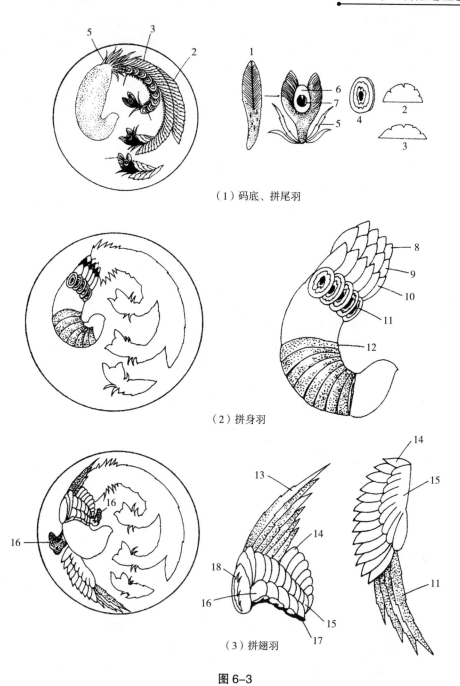

（1）码底、拼尾羽

（2）拼身羽

（3）拼翅羽

图 6-3

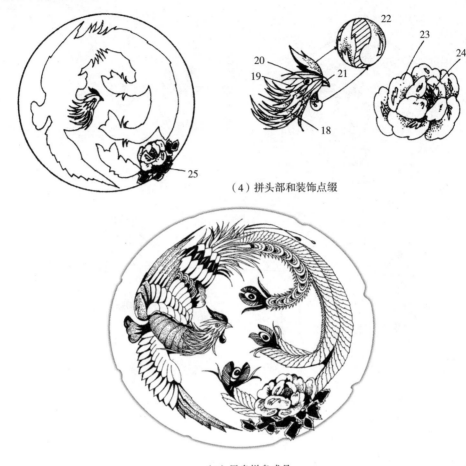

（4）拼头部和装饰点缀

（5）凤皇拼盘成品

图 6-3　凤凰拼盘的造型步骤

1，18—黄瓜　2，15—卤猪舌　3，14—蒸蛋黄糕　4，11—如意蛋卷　5，19—胡萝卜　6—蒸蛋白糕　7—樱桃　8，9，10—火腿肠　12—烧鸡　13—五香牛肉　16—五彩羊糕　17—卤香菇　19—蛋白20—黑豆　21—红椒　22—番茄　23—鱼片　24—姜丝　25—香菜叶

　　冷菜造型是一种食用与审美相结合的艺术拼盘。虽然讲究形、色的变化，但切不可忽视拼盘具备的食用价值，所以我们在拼摆时，尽量选用食用价值较高的材料。否则，便会本末倒置，只有看头，没有吃头，不符合食用与审美相结合的原则。

四、食品原料在造型中的运用

　　食品原料的运用及选择是我们进行艺术拼盘的重要环节。因而，在色、香、味、形，特别是在色与形两方面要尽可能达到完美的程度。各种原料经过加工和巧妙的切配、组合，使之色泽更加鲜艳，味道更鲜美，造型更美观。

在形态方面，图案式、象形式的拼盘较多，在原料的整形和刀法上十分讲究。整形时应尽可能利用原料的性质、色彩、形状，修整成所需的造型。原料整形最为重要，它是造型的关键，应最大限度地利用原料原形。

拼盘原料一般都切得很薄，基本形状有下述七种，具体运用哪一种，应根据原料的使用目的灵活选用。

（1）片。薄片、斜片、长片、指头片、柳叶片、月牙片、豆瓣片、象眼片、坡刀片等，对片的要求随着造型对象的不同而变化。

（2）丝。长丝、短丝、细丝。丝的长度应稍短于条。在切法上有粗细之别，拼盘码的丝越细越好。

（3）丁。菱角丁、橄榄丁、骰子丁、豌豆丁等。丁的改刀方法一般先切片，再切条，后改丁。丁的大小根据原料质地和造型要求而定。

（4）块。长方块、四方块、菱形块、三角块、梳子块、大小块、段、马耳、兔耳等。对块的要求要均匀一致。

（5）条。长条、短条。条的要求必须比丝粗。加工条的方法，首先按要求的厚度切片，然后切条。

（6）蓉。鸡脯蓉、虾蓉、鱼蓉、猪里脊蓉、肥膘肉蓉、蛋蓉、椰蓉等。要求原料用斩砸的刀法处理得极细，用手摊开看不到颗粒，似泥一样。

（7）花刀块。也叫象形块，如球形、麦穗形、蓑衣形、蒲棒形、菊花形等。刀工技法比较多，主要是技法与艺术的结合。

进行冷菜造型时，将各种造型的切配原料按照一定的构思、次序、位置及构成法则，在盘内拼摆成一定的形态，组合成美的造型，使菜肴具有一定的节奏、韵律，来增加宴席的气氛。

第二节　热菜造型艺术

热菜与冷菜不同，其显著特点就是乘热食用。要求以最简、最快的速度进行工艺处理，这就决定了热菜造型既要简洁、大方，又不能草率、马虎。虽不耐久观，但必须耐人回味。因此，认真研究、探讨热菜造型艺术规律是此书的主要课题。

热菜是宴席的主体菜肴，是决定宴席档次高低、好坏的关键所在。成功的热菜以精湛的工艺、娴熟的刀工、优雅的造型、绚丽的色彩效果令人倾倒，促使宴席过程高潮迭起，情绪热烈。所以说热菜造型艺术是饮食活动和审美意趣相结合的一种艺术形式，既有技术性，又有观赏性。

构成热菜造型的基本条件，一是切配技术，二是烹调技术。其中，切配技术是构成热菜造型的主要条件。一般菜肴的制作，都要经过原料整理、分档选料、切制成形、配料、熟处理、加热烹制、调味、盛装八个过程。切配技术使菜肴原料发生"形"的初步变化，烹调技术不仅使菜肴原料"形"的变化更完善，而且使菜肴色彩更加鲜艳悦目。因此，掌握好切配技术与烹调技术是热菜造型的基础。

一、热菜造型艺术的表现形式

热菜造型艺术的形式丰富多采、千姿百态。它是通过利用工艺加工和原料特性给予人们美的感觉，以满足人们的精神享受，同时，也起到了陶冶情操、增进食欲的作用。造型的形式美是多种多样的，有自然朴实之美、绮丽华贵之美、整齐划一之美、节奏秩序之美和生动流畅之美。热菜造型的形式一般有自然形式、图案形式、象形形式等。

（一）自然形式

自然形式热菜造型的特点是形象完整、饱满大方。烹调过程中，常采用清蒸、油炸等技法，基本保持了原料的自然形态。如"鲤鱼跳龙门"就是以自然形态造型的热菜。它是选用鲜活鲤鱼为原料，以民间传说为题材，经构思、加工而成的。具体的操作是：先取净鱼蓉泥，加鸡蛋清调味后蒸熟，塑造出龙门楼阁。然后挖去中心余料，空间瓤进干贝、虾仁，再稍加热后改刀，并原样放入盘的一端。另将鲤鱼改小翻刀，挂硬糊放油中炸透，呈昂头翘尾姿态，放置盘中的龙门前，再将爆炒糖醋汁趁热浇在鲤鱼上。高热的糖汁在焦酥的鱼身上翻滚，鲤鱼昂首向上，龙门金黄高耸，形成一幅"鱼跳龙门"的热烈、欢快画面。又如菜肴"烤乳猪""樟茶鸭子""整鱼""整鸡""兰花鱼圆""烤全羊""炸虾"等，这些菜肴的形态要求生动自然，装盘时应着重突出形态特征最明显和色泽最艳丽的部位，为了避免整体形态造成的单调、呆板，在菜肴的周围要添加适合的纹样，也可在整体原料的周围点缀装饰瓜果雕刻或拼摆制成的花草，以丰富菜肴的艺术效果。如图6-4的"鲤鱼跳龙门"一菜。

6-4　鲤鱼跳龙门

（二）图案形式

图案形式的造型特点是多样统一、对称均衡。在热菜造型中图案装饰造型手法的运用较多，它可使菜肴形式变化达到典型概括、完美生动的效果。这往往要求作者通过大胆的构思和想象，充分利用对称与平衡、统一与变化、节奏与韵律、对比与调和、夸张与变形等形式美法则，使菜肴通过丰富地几何变化、围边装饰、原料自我装饰等多种多样的形式，达到既美观大方、又诱人食欲的效果。如图6-5的"虾仁豆腐"一菜。

图6-5　虾仁豆腐

1. 几何图案构成

菜肴几何图案构成，是利用菜肴主、辅原料，按一定的形式构图进行烹制塑造的一种装饰方法。在装盘时要求按一定顺序、方向有规律地排列、组合，形成排列、连续、间隔、对应等不同形式的连续性几何图案。其组织排列有散点式、斜线式、放射式、折线式、波线式、组合式等，如图6-6的"白卤鲜虾"一菜。

图6-6　白卤鲜虾

2. 围边装饰构成

围边装饰与几何图案装饰在艺术效果上有许多共同之处，不同的是在菜肴的周围装饰点缀各式各样的图形，如摆上色鲜形美的雕花和多种瓜果、绿叶等原料，用以美化菜肴，调剂口味。

围边装饰在制作工艺上不仅要注意菜肴的营养价值，更要重视其审美价值。故选择围边装饰应注意以下四条原则。

（1）口味上要注意装饰原料与菜品一致，形美味美。

（2）围边原料必须卫生可食。

（3）制作时间不易太长，以不影响菜品质量为前提。

（4）围边原料色彩、图案应清晰鲜丽，对比调和。

3. 围边原料

出于对美化菜肴的考虑，围边原料一般选用色彩艳丽的绿叶蔬菜和鲜新瓜果。原料来源广泛，成本费用低廉，一般是根据不同的季节，选用应时的常见果蔬。其味多咸鲜清淡，煎炸菜肴常配爽口原料，甜味菜肴喜以水果相衬。由于每道菜肴的不同风味特色,所用围边原料也有很大差异。用作围边雕花点缀的原料有:苹果、雪梨、菠萝、柠檬、广柑、橘子、黄瓜、胡萝卜、番茄、红苕、地瓜、洋葱、大葱、白萝卜、青萝卜、青笋、青椒、荷兰芹、芫荽、西蓝花等。各类蔬菜、瓜果原料在入馔镶盘前均要进行洗涤清毒,待制成后再放进咸鲜汁或糖水液中浸渍。

4. 围边装饰形式

围边装饰形式又分为平面围边装饰、立雕围边装饰和菜品围边装饰。

（1）平面围边装饰。以常见的新鲜水果、蔬菜作原料,利用原料固有的色泽形状,采用切拼、搭配、雕戳、排列等技法,组合成各种平面纹样,围饰于菜肴周围,或点缀于菜盘一角,或用作双味菜肴的间隔点缀等,构成一个高低错落有致、色彩和谐的整体,从而起到拱托菜肴特色,丰富席面,渲染气氛的作用。平面围边装饰形式一般有以下几种。

①全围式花边:是沿盘子的周围拼摆花边。这类花边在热菜造型中最常用,它以圆形为主,也可以根据盛器的外形围成随圆形、四边形等,其基本构图如图6-7"牡丹干贝"。

图6-7　牡丹干贝

②半围式花边:即沿盘子的半边拼摆花边。它的特点是统一而富有变化,不求对称,但求协调。这类花边主要根据菜肴装盘形式和所占盘中位置决定,但要掌握好盛装菜肴的位置、形态的比例和色彩的和谐。其基本构图形式如图6-8"菊花滑鸡柳"。

图 6-8　菊花滑鸡柳

③对称式花边：是在盘中制作相应对称的花边形式。这种花边多用于腰盘，它的特点是对称和谐、丰富多采。一般对称花边形式有上下对称、左右对称、多边对称等形式。其基本构图如图 6-9"牡丹鱼肚"。

图 6-9　牡丹鱼肚

④象形式花边：根据菜肴烹调方法和选用的盛器款式，把花边围成具体的图形，如扇面形、花卉形、叶片形、花窗格形、灯笼形、花篮形、鱼形、鸟形等。其基本构图如图 6-10"宫灯照明珠"。

图 6-10　宫灯照明珠

　　⑤点缀式花边：就是用水果、蔬菜或食雕形式，点缀在盘子某一边，以渲染气氛、烘托菜肴。它的特点是简洁、明快、易做，没有固定的格式。一般是根据菜肴装盘后的具体情况，选定点缀的形式、色彩以及位置。这类花边多用于自然形热菜造型，如整鸡、整鸭、清蒸全鱼等菜肴。点缀花边有时是为了追求某种意趣或意境，有时是为了补充空隙，如盘子过大，装盛的菜肴不充足，可用点缀式花边形式弥补因菜肴造型需要导致的不协调、不丰满等。其基本构图如图 6-11"四辣果味鱼"。

图 6-11　四辣果味鱼

⑥中心与外围结合花边：较为复杂，是平面围边与立雕装饰的有机组合，常用于大型豪华宴会、宴席中。选用的盛器较大，装点时应注意菜肴与形式统一。中心食雕力求精致、完整，并要掌握好层次与节奏的变化，使菜肴整齐美观，丰盛大方。其基本构图如图6-12"鸭梨鸡腿"。

图6-12　鸭梨鸡腿

（2）立雕围边装饰。这一装饰是一种结合食雕的围边形式。一般配置在宴会席的主桌上和显示身价的主菜上。常用含水分、质地脆嫩、个体较大、外形符合构思要求、具有一定色感的果蔬。立雕工艺有简有繁，体积有大有小，一般都是根据命题选料造型，如在婚宴上采用具有喜庆意义的吉祥图案，配置在与宴会、宴席主题相吻合的席面上，能起到加强主题、增添气氛和食趣、提高宴会规格的作用。其基本构图形式如图6-13"绣球金针茹"。

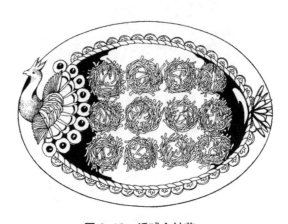

图6-13　绣球金针茹

（3）菜品围边装饰：也可称菜肴自我围边装饰。它是利用菜肴主、辅原料，按一定的形象进行烹制成形的一种装饰方法，如制成金鱼形、琵琶形、花卉形、几何形、玉兔形、佛手形、凤尾形、水果形、橄榄形、元宝形、叶片形、蝴蝶形、蝉形、小鸟形等。再把成形的单个原料，按形式美法则围拼盘中，食用与审美融为一体。这类围边形式在热菜造型中运用最为普遍，它可使菜肴形象更加鲜明突出、生动，给人一种新颖雅致的美感。如图6-14"灯笼海参"。

图6-14　灯笼海参

（三）象形形式

在热菜进行象形造型时，要求作者在烹调过程中，力求突出菜肴原料的色泽美和形态美。大胆舍去那些次要的，有碍菜肴质地、营养和形式美表现的枝蔓，避免那些对物象细微之处的过分模拟，防止局部的过分渲染而损害了菜肴的整体效果。在苏州佳肴"松鼠鳜鱼"一菜中，作者没有去追求菜肴形式与松鼠的唯妙唯肖，也没有留意那动人的松鼠尾巴等细节，而是结合烹调技法中的油炸造型特征，突出翻卷的鱼肉条与松鼠形与色的相似。"松鼠"的头和尾仍是鱼的头和尾。面对盘中的这只"四不像"，顾客不仅未觉不真，反而从这道菜的造型"神似"中引发出一些与松鼠有关的联想，自然、纯朴、生动、活泼、雅致等情趣，从而得到美感和愉悦。假若我们一味地去追求形象逼真，用萝卜或其他可塑原料雕刻松鼠的头和尾，那么，这种含蓄高雅之美将荡然无存，其结果反而显得牵强造作，食之让人倒胃口。其原因就是违背了人们简洁、单纯、大方的饮食和审美要求。

这就是说让菜肴的艺术形象与模拟对象之间，"说像又不像，说不像又像"，形态不像神态确十分动人。这"似与不似"的菜肴形象，让人有丰富联想的余地，并得到一种含蓄雅趣的美感，这也是由热菜的特性所决定的。热菜象形造型虽不是艺术，但运用了艺术原理，满足了人们在就餐中的视觉感观。因此，烹调前需要分析对象，捕捉原料的特征，尽量发掘原料和烹技中的有趣素材，进行构思。并从顾客食用和审美需要进行烹饪和造型，塑造出"似与不似之间""神采为上"的美味佳肴。如图6-15"脆皮八宝胡芦鸭"所示。

图 6-15　脆皮八宝胡芦鸭

二、热菜造型形式

在热菜造型形式中，不同的造型手法，产生不同的效果。我们主张热菜造型求"神似"，并非完全放弃"形似"的造型手法，有些菜肴的"形似"同样令人赞叹不已，口味大开。关键是二者都必须遵循"实（食）用为主，审美为辅"的美学原则和烹调工艺的规律，才能创作出色、香、味、形、意为一体的佳肴。热菜造型的形式一般有两种表现方法：一是写实手法，二是写意手法。

（一）写实手法

这种手法以物象为基础，给予适当的剪裁、取舍、修饰，对物象的特征和色彩着力塑造表现，力求简洁工整，洗练大方，生动逼真。例如"春光美"一菜，是以鳜鱼为主料制作而成，其制作过程是先将鳜鱼分档，取下腹部的两扇肉（带有鱼皮），一扇用力顺刺刮取下肉，剁成蓉，加姜末、葱白、精盐、水、味精、蛋清等拌和上劲待用。另一扇肉用批的方法去皮，再改用斜刀批的方法加工成多片牡丹片，然后用盐、料酒、葱节和姜片腌渍入味，用蛋清和淀粉略上浆后摆入抹有猪油的圆盘内，做成五朵均匀的牡丹花；再用小白菜叶做花叶，并在花中间撒上火腿末；再将准备好的蓉分成均匀的两份，按图案的需要堆摆在盘中间；采用写实手法塑造成蝴蝶形，并将翅膀表面抹平，用火腿和黄瓜皮做成蝴蝶花纹，最后上笼蒸制，出笼后淋入薄芡即可。此图新颖别致，造型优雅大方，整体构图统一和谐，使人能充分感受到春的气息和春光的美丽。

（二）写意手法

写意不同于写实那样，在物象的基础上加以调整修饰就可以了，而必须把自然物象加以改造，它完全可以突破自然物象的束缚，充分发挥想象力，运用各种处理方法，给予大胆的加工和塑造，但又不失物象的固有特征，符合烹调工艺要求，将物象处理得精益求精。在色彩处理上也可以重新搭配，这种变化给人以新的感觉，使物象更加生动活泼。例如，"蝴蝶鳜鱼"一菜，以鳜鱼为主料，借助鳜鱼去骨后两扇带尾鱼块与蝴蝶翅膀形象相似的特点，运用图案变形中的写意手法，对物象的局部伸长，使之既具有蝴蝶的形象特征，又有原料自身形态的特点。其制作方法是先将鳜鱼去骨、刺，取下两扇形象完全相同的带尾鱼块（鱼尾用撕的方法），并在两扇鱼块上斜剞深度为鱼肉 4/5 的刀口，然后用精盐、整葱、姜块和料酒腌渍 15 分钟，同时准备几片火腿片和香菇片，待鱼块腌渍好后根据蝴蝶形象的要求，平摆于抹有猪油的盘中，再用冬笋片和带皮的鳜鱼片做成蝴蝶身，并把香菇和火腿片嵌入斜剞刀口上，形成花纹，上笼蒸 20 分钟左右，出笼后淋入薄芡，放上制好的蛋糕花或瓜果刻花即成。整个造型色彩淡雅、清新，由于原料的形态选择恰当，其实（食）用价值和观赏价值极高。

通过以上热菜造型的制作形式，可以得出热菜造型形式与冷菜造型形式的较大区别在于，冷菜造型是采用烹制过的原料，根据宴席主题内容设计冷盘造型形象，在一定程度上可以精切细拼；而热菜造型与制作为一体，是在选料、加工、烹制、装盘完善的基础上一气呵成。

第三节　面点造型艺术

面点造型是将调制好的面团和坯皮，按照面点的要求包上馅心（或不包馅心），运用各种塑造方法，以天然美和艺术美的方式，捏塑成各式各样的成品和半成品。面点造型可以带给进食者以自然的美感，从而增进食欲，给人以欢乐的情趣和艺术的享受。

我国面点的造型有着悠久的历史。在《礼记》中，就记有堆叠于器皿中的蔬果点心供陈列而不供食用的"饤"了。后来，由"饤"演化为"饾饤"（亦作斗饤）。明朝人杨慎在《升庵全集》中引用《食经》的话解释道："五色小饼，作花卉禽珍宝形，按抑盛之盒中累积，名曰斗钉。"由此知道，那时的"饾钉"，即是面点造型的前身，它与现在的面点造型艺术中的花色面点也是十分相似的。一是它有"五色"，注意了色调的配合；二是"作花卉禽珍宝形"，讲究形态美；三是"按抑盛之盒中累积"，重视装盘造型的技巧。所不同的是装在盒中而不是装在盘中，但并不影响"食用与审美"的这一根本属性。

明清两代是我国烹饪技艺发展的高峰时期，宫廷御厨之杰作，地方面点之精萃，少数民族之佳点，都在这一时期崭露头角。现在保留的脍炙人口、工艺奇特、形态肖似的花色造型面点都是在这一时期形成的。

新中国成立以后，我国面点制作得到了恢复与发展，面点造型技艺发展迅速，花色造型面点如雨后春笋般出现，味形俱佳。各式花色饺类、卷类、包类、酥类、粉点类、图案类、组合类等，品种繁多，制作精巧，美味可口，富于营养，工艺简易，造型生动，色彩鲜明，装盘美观，注重食用与欣赏的结合。在国际交往的宴席上，花色造型面点受到中外来宾的赞扬，并被誉为"食的艺术"和"艺术杰作"。

一、面点造型艺术特点

面点造型素以色、香、味、形、质、养著称于世。近年来，由于人们的物质生活水平不断提高，对外经济交流不断扩大，促进了中国面点制作技艺向着更高的科学化与艺术化方向发展。如今，我国面点工艺像朵朵鲜花，在中国食苑的大百花园里竞相开放，这些千姿百态的"面艺杰作"，与中国菜肴一起构成了完美的具有中国特色的烹饪艺术。

（一）雅俗共赏，品类多样

中国面点品种丰富多彩，真可谓是五光十色、千姿百态。全国各地的面点品种大都具有雅俗共赏的特点，并各有其风味特色。从造型上讲，也是点、线、面、体，应有尽有，并可将其分成许多种类型。

按成形的程序来分，可分为三类。第一，先预制成形后烹制成熟的，绝大多数糕点、包饺等都是采用此法，包成馅心后即成形状。第二，边加热边成形的，这包括小元宵、藕粉圆子、煎饼、刀削面及各式炒面、汤面等品种。第三，加热成熟后再处理成形，多用于凉糕，如凉团、如意凉卷、年糕等。

按成形的手法来分，可分为揉、搓、擀、卷、包、捏、夹、剪、抻、切、削、拨、叠、摊、擀、按、印、钳、滚、嵌等；按制品完成的形态分，又可分为饭、粥、糕、团、饼、粉、条、包、饺、羹、冻等；如按其造型风格来分，可分类简易型、雕塑型、图案型、拼摆型；按其体态分，可分为固态造型、液态造型（汤羹），还可以分为平面型、立体型；按其色调来分，可分为淡素型（如白色类包饺、水晶类冻糕等）和有色型（如苏式船点、四喜饺等）；按其造型的特征来分，可分为圆形（大圆形、小圆形）、方形、椭圆形、菱形、角形等；按其造型品类分量来分，可分为整型（如苏州艺术糕团）、散型（如大葱油饼改刀散装）、单个型、组合型（如百花争艳、鸳鸯戏水等）。

面点造型艺术，不光是指艺术图案造型、立体造型，一块饼、一块糕也同样有艺术的效果和艺术的魅力。同样是一块"烧饼"，它的厚薄、馅量、大小、饼上芝麻的多少、烘烤的成色，都有很重要的关系。厚度过厚，延长成熟时间，底、面火力不易均匀，吃口欠佳。过薄，则底色易焦黄、僵脆；馅量多，一是浪费，二是馅难成熟。馅量少，则造型难看，降低人们的进食兴趣；撒芝麻贵在一撒即匀，这是技术活、功夫关，不是人人均会；烘烤后，火力适宜与否，将决定制品的质量，更影响整个烧饼的吃口，色泽金黄、酥香可口才是上乘之作，僵硬、软绵、焦糊，都不是烧饼应有的风格。这里面还有许多关键因素，如和面、插酥、包酥、擀卷等一整套的工序，其艺术效果贯穿于制作的始终，不是每一人都能做得好，初学者更是如此。

（二）食用与审美紧密结合

面点造型制作有其独特的表现形式，它是通过面点师精巧灵活的双手经过立塑造型完成的。制作食品的主要目的是供人食用，所以面点制品也不例外。它通过一定的艺术造型手法，使人们在食用时有美的享受，食之觉得津津有味，观之又心旷神怡。它一经展现在顾客面前，便会增加气氛，增进食欲，勾起人们美好的联想和美的享受。

食用与审美寓于面点造型艺术的统一体之中，而食用则是它的主要方面。面点造型艺术中一系列操作技巧和工艺过程，都是围绕着食用和增进食欲这个目的进行的。它既能满足人们对饮食的欲望，又能产生美感。

1. 食为本与味为先

面点造型是味觉艺术。自古我国人民的饮食特点以及形容和评价美食必定都落在"味"上，如"美味可口""回味无穷""其味妙不可言"等。欣赏食品，也必须细细的"品味"。人们品评其美食的真谛，又总不在色、形上，这是因为饮食的魅力在于"味"。面点制作的一系列操作程序和技巧，都是为了具有较高的食用价值、营养价值能给予人们以美味享受的面点，这是制作面点关键所在。面点的造型，它要求具有一定的艺术性，而不是要求它成为纯粹的艺术品。所以，在制作花色造型面点的时候，首先要强调以食为本的原则，如果脱离了这一原则，单纯地去追求艺术造型，就会导致"金玉其外，败絮其中"的形式主义倾向。

面点艺术首先是味觉艺术。如果面点的造型脱离了味觉上的美感，成为形态动人、色彩迷人，但味觉很差的东西，那就不能称为美食。中国面点讲究色、香、味、形、器和谐，其评品标准是以"味"为先。也就是说，要求面点首先是好吃，其次是好看，食用与审美有机结合。那些只好看而不好吃的品种，我们的顾客是不欢迎的。

2. 重形态与求自然

面点是造型艺术。面点制作的美观外形，就是取决于面点的"色"和"形"。面点制作除了味觉形式因素以外，又具有一般的造型艺术特征。因此，有关造型艺术的规律也是适用于面点制作。

面点制品供人们食用与审美享受，在它还没有被人品尝以前，它必须具有美的视觉形象，才有助于诱发人们的食欲。烹饪艺术品要表现其内容，也必须依靠外在形式，即使是以味美为主的面点艺术，也要有具体的形态作为依托，否则连滋味、审美也无法存在，也就不能称为食用与欣赏两结合的面点造型艺术了。

面点的形，主要是在面团、面皮上加以表现的。自古以来，我国面点师就善于制作形态各异的花卉、鸟兽、鱼虫、瓜果等，增添面点的感染力和食用价值。形态和色彩是由人们的视觉来感知的，它对人的感受最敏感，具有先声夺人的作用。"货卖一张皮"，就是商品出售中被公认的一种心理因素。花色造型面点的味好、形好，不但可以给人以艺术上的享受，而且可以创造更好的效益。

我们在包捏制作面点时，要顺应和发扬面点艺术的自然美，适应现代艺术发展的大趋势，在其制作中力求向简洁、明快、抽象风格的方向发展，烦琐装饰、刻意写实、矫揉造作、添枝加叶应当坚决摒弃。

面点制作应以自然色彩为上，体现食品的自然风格特色。当制品不能表达或代表食品的时候，可适当加以补充，但以食品的天然色素为主。色彩给人们的情感以极大的影响，自然、丰富的色彩不仅能影响人们的心理，而且能增强食欲。色彩与造型结合起来，可使面点制品达到艺术品的境地。自然色彩的审美功能比造型强，表现形式也很自然。但我们反对一味地乱加色素，甚至浓妆艳抹、画蛇添足，掩盖食品的本来风味。

（三）精湛的立塑造型手法

面点的立塑造型，是内在美与外在美的统一，经过严格的艺术加工制成的一种精致玲珑的艺术形象，对食者能产生强烈的艺术感染力。面点造型与美术中的雕塑手法十分接近，其中，搓、包、卷、捏等技法属于捏塑的范畴；切、削、剪等手法又与雕刻技法相通；钳花、模具、滚、镶、沾、嵌，也近似于平雕、浮雕、圆雕的一些手法。可以说，面点造型工艺是一种独特的雕塑创作，如图6-16"佛手包"。

图6-16　佛手包

　　面点的造型是通过一整套精湛的技艺包捏而成各种完整的形象。如通过折叠、推捏而制成的孔雀饺、冠顶饺、蝴蝶饺，通过包、捏而制成的秋叶包、桃包；通过包、切、剪而制成的佛手酥、刺猬酥；通过卷、翻、捏而制成的鸳鸯酥、海棠酥、兰花饺，以及各种花卉、鸟兽、果蔬的象形船点和拼制组合图案等品种。每种面点既有各自不同的形态、色彩和表现手法，又是各种整体造型的艺术缩形。这就要求面点师具有较高的面点立塑技艺和美学、美术知识的修养，如图6-17"菊花香酥饼"。

图6-17　菊花香酥饼

　　面点立塑造型方法，是利用主料粉面皮的自然属性，采取包捏的手段将其塑造成各种形象，这种造型方法是技巧与艺术的结合，其难度比较大，它要求面点师具有娴熟的立塑技艺，熟练地掌握一张小坯皮的性质、包捏的限度，以及在加热过程中的变化规律，只有过硬的操作本领，才能达到完美的艺术境地。

（四）玲珑雅致的艺术小品

面点的造型艺术与其他烹饪造型一样，都是供人们食用的食品，它现作现食，没有长期保存的必要。但它又不同于花色拼盘、热菜的造型，在食品制造上，它使用的空间最小。一只6.5厘米左右的面皮的限度，一块小面剂子的空间，每一件都是单个的独立体，每一张面皮、每一个面剂都要塑造成大小相等、做工精致的形态。它与无锡惠山泥人有异曲同工之妙，但比泥人更小、更精致，特别是有能包馅食用之绝。

面点的造型艺术，类似于微雕艺术。一盘美点，是许多单个品种的拼摆组合，而每个品种都是栩栩如生、小巧玲珑的精美的艺术品，它正是中国烹饪艺术中的艺术小品。这种艺术往往出现在高级筵宴上，表现宴席的"身价"和饭店面点师制作精湛的水平，如图6-18"花生"造型的船点。

图6-18　船点——花生

二、面点造型艺术的要求

（一）掌握皮料性能

面点造型具有较强的立体感，选用皮坯料必须有较强的可塑性，质地细腻柔软，才具有面点立塑的基本条件。糯米、粳米、面粉、薯类都具有这种特性，米色白、柔嫩且具有较强的可塑性，但做工要十分精细。面粉制品，一般烫面可塑性较强。一些简易的造型点心，如象形点心"寿桃""菊花卷"等，可采用发酵面团（用嫩酵面，以免熟制后变形）制作。薯类做皮，须加入适当的辅助料如糯米、面粉、鸡蛋、豆粉等，才便于成形。用澄粉作为粉料而制作的花色品种，色白细滑、可塑性强、透明度好，如"硕果粉点""水晶白鹅""玉兔饺"等，造型逼真、色泽自然。

（二）配色技艺

配色技艺是面点造型艺术的重要的组成部分。我国面点的色彩运用，经过许多面点师的长期实践，创造了多种多样的用色方法和"浓淡总相宜"的面点色彩。面点造型艺术把生动的造型和鲜艳的色彩交织在一起，既给人以艺术美的享受，又具有诱发食欲的魅力。

面点的色彩讲究和谐统一，有的以馅心原料配色，如火腿的红、青菜的绿、熟蛋清的白、蟹黄的黄、香菇的黑配色，如鸳鸯饺、一品饺、四喜饺、梅花饺等；有利用天然色素配色，如红色的红曲粉、苋菜汁、番茄酱，黄色的蛋黄、南瓜泥、姜黄素，绿色的青菜或麦汁、菠菜、荠菜、丝瓜叶捣烂取汁，棕色的可可粉、豆沙等。另外，还有合成食用色素。面点的色彩只能是简易的组合和配置，不能像画家调配各种新色。既要考虑到用色过程中的清洁卫生，又要考虑到外界条件的影响。而不能装扮得像纯工艺品，打扮得花枝招展。过多的用色和不讲卫生的重染，不仅起不到美化的目的，而且会适得其反，使人恶心。面点造型艺术是吃的艺术，其色彩的运用应始终以食用为出发点。坚持本色，少量缀色，是面点配色的基本方法。

（三）馅心选用

为了使面点的造型美观，艺术性强，必须注意馅心与皮料的搭配相称。一般包饺馅心可软一些，而花色象形面点的馅心一般不应为稀软状，以防影响皮料立塑成形。否则，面点的整体效果会受到影响，容易出现软、塌，甚至漏馅等现象，从而影响面点造型艺术的效果。所以不论选用甜馅或咸馅，用料和味型都必须讲究，不能只重外形而忽视口味。若采用咸馅，烹汁宜少，并制成全熟馅，尽量做到馅心与面点的造型相搭配，如做"金鱼饺"，可选用鲜虾仁作馅心，即成"鲜虾金鱼饺"；做花色水果点心如"玫瑰红柿""枣泥苹果"等，则应采用果脯蜜饯、枣泥为馅心，使馅心与外形互相衬托，突出成品风味特色。

（四）造型简洁

面点造型艺术对于题材的选用，要结合时间因素和环境意识，宜采用人们喜闻乐见、形象简洁的物象，如喜鹊、金鱼、蝴蝶、鸳鸯、孔雀、熊猫、天鹅等。面点造型艺术关键要熟悉生活，熟知所要制作物象的主要特征，运用适当夸张的手法制成，就能收到食品造型艺术美的效果。如捏制"玉兔饺"，须把兔耳、兔身、兔眼三个部位掌握好，把耳朵捏得长和大些，身子必须丰满，兔眼须用红色原料嵌成，这样就会制作出逗人喜爱的小白兔。如"金鱼饺"应着重做好鱼眼和鱼尾。"天鹅"突出特征是颈和翅，要对这两个部位进行适当夸张变化。这种夸张的造型手法，就是要妙在"似与不似之间"。如过分讲究逼真，费工费时地精雕细琢，一是在手中操作时间过长，食品易受污染；二是不管多漂亮的点心，一经上桌观赏，即充口福，无久贮的价值。若过于追求奇巧，不免趋于浪费，甚至弄巧成拙影响人的食欲，使人败味。所以，面点造型艺术不必丝丝入扣。如图 6-19 是"金鱼饺"造型。

图 6-19　金鱼饺

（五）盛装拼摆

前面讲过，一盘面点是许多单个面点组合的艺术整体，所以盛装拼摆技艺也是面点造型的重要的一环。面点立塑需要精湛的技艺，美妙的造型，而装盘也不可马马虎虎，上下堆砌，随便乱摆，要求根据面点的色、形而选择合理、和谐的器皿，运用盛装技术按照一定的艺术规律，把面点在盘中排列成适当的形状，突出面点的色彩，呈现立塑的形态。总体要求是：对称、和谐、协调、匀称。如"牛肉锅贴"可摆成圆形、桥形，底部向上，突出煎制后的金黄色泽，下部微露出捏制的细绺花纹。"四喜蒸饺"可摆成正方形、品字形，在操作时应将四种馅料的次序按一定的顺序，装盘排列时也应四色方向有序摆放，给人以整齐、协调之美，而不是随便放置，给人以色、形零乱的感觉。就是简单的菱形块糕品，也应有一定的造型，如八角形、菱形、等边三角形等。总之，面点应拼摆得体，和谐统一，使人感到一盘面点整体是一幅和谐的画面，单个面点是一个个活灵活现的艺术精品。如图 6-20 是"四喜饺"组合造型。

图 6-20　四喜饺

第四节　食品雕刻艺术

从狭义上讲，食品雕刻是创造出来的物体形象。它不同于热菜造型，因为热菜造型是把原料经专门刀工加工后烹熟；而食品雕刻的原料一般不进行热处理，使用的刀具及刀法也与前者不同。它也不同于平面构成的冷盘造型，食品雕刻是立体造型。另外，它也不同于苏式的船点，苏式船点属面点造型，大都采用塑的手法或模具冲压成形，同时，苏式船点和热菜、冷盘一样口味重，而食品雕刻除与苏式船点所使用的原料不同外，它是以雕刻的刀法取胜，注重形象，很少顾及口味。

食品雕刻经长期的发展，已形成了自己独特的风格。一是制作的速度快，一般没有长期保留的价值，这主要是原料决定的。二是其成品能超出原料自身的体积，如牡丹花等由于花瓣向外翻卷，其外圆直径能超出原料直径的一倍；瓜灯能通过环扣的连接，使上下两部分分离数厘米之长。三是可通过原料的变形，即由于重力的作用使花瓣自然翻卷，使雕刻出的花卉更加逼真。四是色彩丰富，它不但有玉雕的透、牙雕的白，而且还具有花卉的艳丽色彩。

由于食品雕刻借鉴了玉雕、雕塑、浮雕、木刻、绘画等造型艺术的表现手法，所以目前人们对其分类众说不一，食品雕刻不附着任何背景上，属于可四面供人欣赏的立体造型，虽然其中的瓜盅、瓜灯是在瓜的外皮上进行雕画，即与浮雕的表现手法相似，但作为一个整体依然独立于空间，四面都可供人欣赏。所以，从其特有的造型手法上分，可将食品雕刻分为花卉雕刻，整雕（包括冰雕）和瓜盅、瓜灯三大类。

一、食品雕刻的应用范围

食品雕刻在大型宴会上主要用来美化环境、渲染气氛。中餐的大型宴会一般使用直径 1.5～2 米的圆桌，由于桌面直径大，中间摆放的菜肴，顾客不易拿取，特别是实行分餐制后，中部更不便放置菜肴。所以，要在桌面中间摆放用食品雕刻组成的花台。在中小型宴会上，可将花卉雕刻插成的花束或整雕放在菜肴之间，或将瓜盅作为容器放在席面上。家庭宴会，可用食品雕刻围绕盘边或置于盘中点缀菜肴，也可放在菜肴之间，不必拘泥于一格。食品雕刻的运用非常灵活，但特别要注意的是宴会的性质、级别，以及来宾的风俗习惯等，而且还要注意艺术效果。

二、食品雕刻的作用

食品雕刻不同于其他雕刻，如木雕、玉雕、牙雕等，它不是单纯的工艺品，不是孤立地供人观赏，而且与菜肴结合起来，让人们在观赏的同时食用。食品雕刻的作用概括起来有以下几点。

（一）点缀作用

我们常可以看到画家在画人物画时，喜欢在其旁画些花草、树木或题字，目的在于使画面有生气、不呆板，起到烘托作用。食雕的作用往往与之相同。例如，一盘酱红色的炒猪肝或一只栗色的烧鸡，盛装在盘中总不免有些单调、呆板、暗淡，如放上一朵食雕花卉，便会生气盎然，鲜亮明快，诱人喜爱。有些菜肴容易杂乱，如果放上食雕点缀，便能把它们统一起来，使其形色兼备。食雕在点缀方面的作用是很大的，可以说，大部分食雕都是为点缀菜肴而制作。

（二）补充作用

有些花式冷盘和花式热菜，如"龙凤呈祥""凤凰里脊""孔雀鳜鱼"等，如不借助食品雕刻，用简单的刀法处理原料，那就很难做出龙头、凤凰头和孔雀头，整个菜肴的形象就会失去完整性，因此，食雕在菜肴中的补充作用不可忽视。合理使用能使菜肴形象更加生动，色彩更加艳丽。

"点缀"与"补充"有所区别：一般说来，需要"补充"的菜肴，食雕必不可少，少则会破坏整个菜肴形象；而需"点缀"的菜肴，不一定非要食雕不可，只是用了食雕能使菜肴锦上添花，更为鲜明。如不用食雕，菜肴依然有其自身的形色，不会影响其完整性。

（三）盛装作用

各类食雕瓜盅，如"西瓜盅"和"冬瓜盅"在菜肴中的作用主要是取代盛器，以此美化器皿，增加菜肴的形象感和艺术性。如一盆水果或一盆甜羹，盛装在瓜盅与装在大盆内就给人两种不同的感觉。一般认为，盆中的平凡不奇，而装在瓜盅中会身价倍增。由此看出，用食品代替盛器盛装菜肴，能收到良好的效果。

三、食品雕刻的步骤

（一）命题

命题就是确定雕刻作品题目，做到意在刀先，胸中有数，通常是根据宴席主题，选择写生的素材，精心设计造型，一般食品雕刻应注意以下三点。

（1）雕刻作品要尊重民族风俗习惯，以及顾客的喜好和厌忌。婚宴中常采用"龙凤呈祥""鸳鸯戏荷"造型；为老人举办寿宴时，常用"松鹤延年""万年青"等作品为雕刻题材。用于国际交往的宴席雕刻作品，必须了解宴会人的宗教信仰和民族习惯。

（2）雕刻作品要具有积极、理想意义和艺术性。国宴招待外国宾客，选用"百花齐放""友谊常青"为题材较适宜，这样能体现出热烈欢迎和友谊长存的含义。

（3）雕刻作品题目要有季节性。花卉雕刻中，四时品种不相同，一般要求应时，也可根据需要打破常规，若冬天雕刻春天的花卉，就会令人感到春意盎然。

（二）选料

选料就是根据题材和雕品类型选择适宜的原料，如哪些原料适宜雕刻哪些雕品或雕品的哪些部位，必须做到心中有数。做到大材大用、小材小用，使雕刻作品的色彩和质量都品质上乘。如造型"百花齐放"可用胡萝卜、白萝卜、心里美萝卜和南瓜等原料雕刻各色各样的花朵，南瓜雕刻成花瓶，二者组合一体，达到形象逼真的效果。

（三）定型

定型就是根据作品的主题思想和使用场合决定作品类型，采用整雕、凹雕、组雕等形式。

（四）雕刻

命题选择完成后即准备下刀雕刻，这一步是雕刻成形的关键。根据设计的方案和草图，面对原料下刀要大胆细心，该大刀阔斧的地方要毫不怜惜地挖去，该精雕的地方不要鲁莽。一般雕刻的顺序是，先在原料上画好底稿，刻出大轮廓，再进行精雕细刻。这里值得一提的是，学好食品雕刻要有耐心，但也不要太拘谨。长时间精雕细刻，会导致雕品脱水干瘪，影响雕品造型，也影响雕品卫生，故雕时不能太长。

雕品没有食品雕刻感就不会给人以美的享受。作者应当探索恰当的形式来充分体现雕刻感，比如表现力量，就可利用粗、重、厚的面和线；表现静谧和惬意的雕品，就可利用纤细轻巧的面和线；优美、抒情地多利用修长的曲线；运动大的尽量利用大的斜线和明显的大小体块的对比。作为一件雕品，应是体积感、空间感和运动感的统一和谐的整体。从美学的观点来讲，和谐就美。当然是所侧重，没有侧重就没有风格。但一件雕品应力求散整相间，疏密相济，横直相破，粗细相调，光涩相补等。

（五）布局

布局就是根据作品的主题思想、原料的形态和大小来安排作品的内容，首先应安排主要部分，再安排陪衬部分，要以陪衬部分来烘托主题部位，使主题更加突出。在雕刻"熊猫戏竹"就要考虑到每只熊猫的姿态、大小和翠竹的设置，使整个画面协调完美。

四、食品雕刻的原料

食品雕刻的原料，一般都使用具有脆性的瓜果，也常使用熟的韧性原料。在选料时必须注意：脆性原料要脆嫩不软，皮中无筋，形态端正，内实不空，色泽鲜艳而无破损；韧性原料要有韧劲，不松散，便于雕刻等条件。由于雕刻的原料种类很多，在色泽、质地、形态等方面各有不同，雕刻时应根据作品的实际需要，适当选料，才能制作出好的雕刻作品来。下面介绍常用的食品雕刻原料特性及用途。

1. 萝卜类

（1）红、白萝卜：肉质细嫩，色白，网纹细密。长15～20厘米，圆直径6～8厘米。用途较广，可雕刻各种萝卜灯、人物、动物、花卉、盆果、山石等。

（2）青萝卜：肉质细嫩，皮色青，内呈绿色，网纹较细。长15～18厘米，圆直径 6 ~ 8 厘米。可雕刻小鸟、草虫、花卉及小动物等。

（3）心里美萝卜：内质细嫩，皮色青，肉色红。长 15 ~ 20 厘米，圆直径 10 ~ 15 厘米。可雕刻各种复瓣花朵，如红牡丹花、月季花等。

（4）扬花萝卜：内质细嫩，皮色红艳，肉白色，形态圆而小，圆直径约 2 厘米。可雕刻各种小型花朵，如桃花等。

（5）黄胡萝卜：肉质略粗，皮肉均为黄色，呈长条形。长约 12 厘米，圆直径约 3 厘米。可雕刻装饰性圆柱、迎春花等。

（6）红胡萝卜：肉质略粗，皮、肉呈红色，长条形。长约 12 厘米，圆直径 3 厘米。可雕刻各种小型花朵及装饰性圆柱。

2. 薯类

（1）马铃薯：肉质细嫩，外皮呈褐色，肉白或白中带黄色，呈椭圆形。圆直径 6 ~ 9 厘米。可雕刻各种小动物。

（2）甘薯：肉质较老，皮色略红，肉色微黄。体型较大，长约 20 厘米，圆直径约 10 厘米。可雕刻各种动物，如马、牛等。

3. 芜菁

又称大头菜，肉质较老，皮色青中带白，经路较多，肉色白，体型较大。长约 15 厘米，圆直径约 18 厘米。可雕刻小型建筑物和各种动物。

4. 球形甘蓝

又称苤兰，肉质略粗，肉绿色，皮色青，多经络，呈球形。圆直径约 12 厘米。可雕刻各种鱼类动物。

5. 番茄

肉质细嫩，色泽鲜艳，有橙、红颜色，呈扁圆形。圆直径 3 ~ 8 厘米。可雕刻各种单瓣花朵，如荷花等。

6. 辣椒

有尖头、圆头辣椒之分，嫩时绿色，老时红色。尖头椒，可雕刻石榴花等；圆头椒，可雕刻玫瑰花叶等。

7. 瓜类

（1）冬瓜。皮色青，肉色白，肉质细嫩，呈椭圆形。长 15 ~ 40 厘米，圆直径 8 ~ 25 厘米。小冬瓜可雕刻冬瓜盅；大冬瓜可雕刻平面镂空装饰图案等，专供欣赏。

（2）西瓜。皮有深绿，嫩绿等色，瓜瓤有红、黄等色，呈圆形或椭圆形。用于雕刻的西瓜，圆直径 15 ~ 20 厘米，如雕刻西瓜灯、西瓜盅等。

（3）番瓜。皮有橙，绿等色，瓜肉橘红色，肉质细嫩，呈椭圆形。长约 80 厘米，圆直径约 12 厘米。可雕刻各种人物、动物、建筑等。

（4）南瓜。皮、肉均呈橙色，肉质脆嫩，呈扁圆形。圆直径约 20 厘米，可雕刻南瓜灯等。

8. 苹果

肉质软嫩，肉色淡黄，皮有红、青、黄色，呈圆形。圆直径 7～10 厘米。可雕刻各种装饰花朵、鸟，也可作苹果盅。

9. 梨

肉质脆嫩，色白，皮色青、黄，呈椭圆形。圆直径约 6 厘米，可雕刻佛手花、梨盅等。

10. 茭白

肉质细嫩、色泽洁白，皮绿色，呈长条形。长约 18 厘米，圆直径约 3 厘米。可雕刻小花朵，如白兰花、佛手等。

11. 荸荠

肉质脆嫩，色质洁白，皮褐色，呈扁圆形。圆直径约 3 厘米，可雕刻宝塔花等。

12. 白果

肉质软嫩，色黄绿，皮色淡黄，有硬壳，呈椭圆形。圆直径约 1.5 厘米。熟白果去壳可雕刻蜡梅花。

13. 樱桃

肉质细嫩，色泽鲜红，呈椭圆形。圆直径约 1.2 厘米。可雕刻红梅花等。

14. 冬笋

肉色淡黄，质地脆嫩，呈圆锥形。长约 10 厘米，圆直径 6 厘米。可雕刻小竹桥等。

15. 莴笋

肉色嫩绿，质地脆嫩，皮色淡绿，有经络，呈长条形。长约 24 厘米，圆直径约 3 厘米。可雕刻各种小型花朵和草虫，如喇叭花、螳螂等。

16. 生姜

肉色嫩黄，质地较粗，皮色淡黄。可雕刻山石、金鱼等。

17. 大白菜

又称黄芽菜。叶黄梗白，质地脆嫩，呈椭圆形。长约 28 厘米，圆直径约 15 厘米。可雕刻直瓣菊花等。

18. 球葱

又称洋葱。肉色白中带红，质地脆嫩，呈扁圆形。圆直径约 6 厘米。可雕刻各种复瓣花朵，如荷花等。

19. 紫菜头

肉质较老，皮、肉紫红色，呈球形。圆直径约 12 厘米。可雕刻各种花朵，如月季花等。

20. 蛋类

（1）鸭蛋、鸡蛋。煮熟去壳的鸭蛋，蛋白细嫩，可雕刻花篮等；煮熟去壳的鸡蛋，蛋白细嫩，可雕刻小白鹤、熊猫、小白猪等。

（2）蛋黄糕。是用鸡蛋黄加盐等调料蒸熟，成块形。蛋质有韧性，色泽金黄，用途较广，可雕刻人物、花卉、动物等。

（3）蛋白糕。是用鸡蛋清加盐等调料蒸熟，成块形，蛋质细嫩，色洁白。可雕刻人物，花卉、动物等。

（4）黑白蛋糕。是用鸡蛋清、皮蛋小丁加盐等调料蒸熟，成块形。蛋质有韧性，色黑白。可雕刻各种宝塔等。

除上述常用的雕刻原料外，还有很多水果类、藻类、菌类原料。有的为了雕刻大型雕品，可采用黄油、冰块等。应根据各种原料的质地、颜色和用途适当运用。

五、食品雕刻的刀具及其适用范围

食品雕刻的工具没有统一的规格和式样，它是雕刻者根据实际操作的经验和对作品的具体要求，自行设计制作的，由于不同地区的厨师雕刻手法的不同，所以在工具设计和要求上也有所不同。下面介绍的刀具大部分是定型刀具，而且市场上有所出售。一般常规食品雕刻的刀具有平口刀、直刀、斜口刀、圆口刀、V形刀、异形插刀、模型刀等。

1. 平口刀

在雕刻进程中的用途最为普遍，常用于削切物体大形轮廓，也适用于雕刻有规则的物体。如大块几何形物体和雕品底座。平口刀的刀身长 35 ~ 40 厘米，宽 3 ~ 5 厘米（图 6-21）。

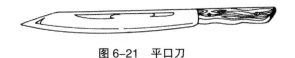

图 6-21 平口刀

2. 直刀

在雕刻中多适用于整雕和结构复杂的雕刻作品，其使用灵活，作用广泛，刀刃的长度 7 厘米，宽约 1.2 厘米，刀尖角度为 30 度（图 6-22）。

图 6-22 直刀

119

3. 斜口刀

斜口刀又称尖口刀，这种刀刃呈斜度，刀口呈尖形，根据其斜度的大小，可分两种类型：一种为大号斜口刀，刀刃长度为3.8厘米，刀刃高2厘米；另一种为小号斜口刀，刀刃长度为3.8厘米，刀刃高1.2厘米；尖口刀多用于绘制图案线条（图6-23）。

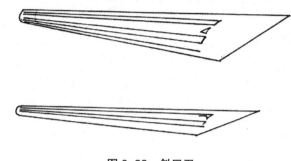

图 6-23　斜口刀

4. 圆口刀

严格地说，这种刀具应称半圆口刀，刀身呈半圆桶状。圆口刀有两种，一种是刀的一端有刃，按圆口的直径分，从10毫米至2毫米，每差1毫米为1把，一般每套9～10把，刀身约长50毫米，小圆口刀多用于推线条及花鸟羽毛。大圆口刀多用于镂空和剔空原料（图6-24）。

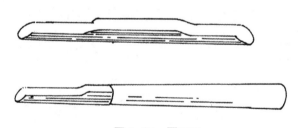

图 6-24　圆口刀

5. V形刀

因刀刃呈V字形而得名，刀身约长50毫米。两边刀刃的长度及V字形的开口处长度均相等，一套3把，即3毫米、5毫米、7毫米。广泛用于雕刻不同的花瓣和槽痕（图6-25）。

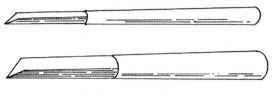

图 6-25　V形刀

6. 圆柱刀

刀身是一头粗、一头细、中间空的圆筒形。两头都有刀口，主要用于花蕊、眼等的雕刻（图6-26）。

图 6-26　圆柱刀

7. 空剑刀

刀刃呈宝剑形，两头均有刀刃，刀刃一头宽2毫米，另一头宽4毫米。宝剑刀常用于雕刻西瓜灯的环和刻花蕊（图6-27）。

图 6-27　空剑刀

8. 圆珠控刀

刀身两头均有刀刃，刀刃呈半球形，一头刀刃圆直径1厘米，另一头刀刃圆直径1.5厘米，用于控削呈圆球形的瓜果（图6-28）。

图 6-28　圆珠控刀

9. 勺口刀

刀身的一头有刀刃，刀刃呈勺口形，刀身长12厘米，刀刃圆直径1.5厘米，可用作控削瓜果内瓤（图6-29）。

图 6-29　勺口刀

10. 模型刀

模型刀是根据各种动植物的形象做成空心模型（图 6-30）。操作时只要将其在原料上一压，就可取得一段成形原料的片状，亦称"平雕"。

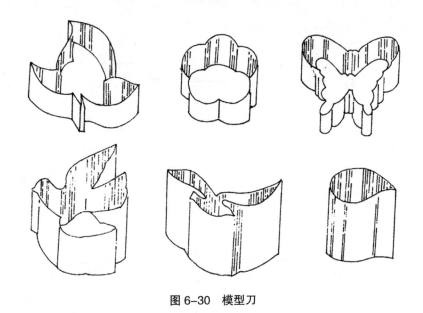

图 6-30　模型刀

除上述各种雕刻工具外，还有镊子、剪子等其他特种工具，每种工具都有特殊的用途。刀具使用后应擦洗干净，防止生锈，并分类保管，以免相互碰撞，损坏刀口。刀具还要经常磨，保持刀口锋利、光滑。

六、食品雕刻的种类与刀法

（一）食品雕刻的种类

1. 整雕

整雕就是用一块大的原料雕刻成一个完整的独立的立体形象。如"鲤鱼跃水""喜鹊登梅""寿星老人""牛马""骆驼"等。它的特点是依照实物，独立表现完整的形态，不需要辅助支持，而单独摆设，造型的每个角度均可供观赏，具有较高的表现力。生动的形象，令人赏心悦目。图 6-31 "骆驼望月"
便是利用整原料雕刻而成的。

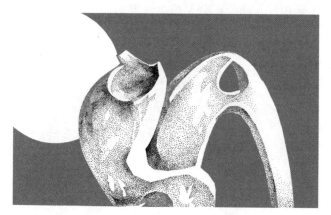

图 6-31　骆驼望月

2. 零雕整装

零雕整装是分别用几种不同色泽的原料雕刻成某一物体的各个部件，然后
集中装成完整的物体。其特点是色彩鲜艳，形态逼真。不受原料大小的限制。
如雕品"百花争艳""孔雀开屏"，如图 6-32 "仙鹤献寿桃"便是利用大小块
原料雕刻组装而成的。

图 6-32　仙鹤献寿桃

3. 凸雕

凸雕也称浮雕或阳纹雕。就是在原料表面上刻出向外突出的图案。凸雕可

123

按凸出程度分为高雕、中雕、低雕，三者之间无明显的界限，一般凸出部分以超过基础部分的一半称高雕，高度不超过基础部分的一半称中雕，低雕所雕出的物体形象与中雕相比，凸出部分又略低一些。如图 6-33 "龙凤呈祥"是在原料表面浮雕而成的。

图 6-33　龙凤呈祥

4. 凹雕

凹雕又称阴雕刻，凹雕所雕刻的花纹正好与凸雕相反，用刀具把画在瓜皮上的图形雕成凹槽，以物品表面上凹槽线条表现图案的一种方法。凹雕常用于雕刻瓜果表皮，如图 6-34 "西瓜盅"所示。

图 6-34　西瓜盅

5. 镂空雕

镂空雕就是将原料剜穿成为各种透空花纹的雕刻方法。这种方法常用于瓜果表皮的美化。如"西瓜篮""西瓜灯"等。图 6-35"金雀和鸣"是利用南瓜镂空雕刻而成的。

图 6-35　金雀和鸣

（二）食品雕刻的刀法

食品雕刻所使用的刀法是有特殊性的。因食品雕刻的原料多种多样，所以必须要根据原料的性质和雕品的要求熟练地掌握各种刀法，这里将几种常用的刀法分述如下。

1. 直刀刀法

直刀握法如图 6-36 所示。

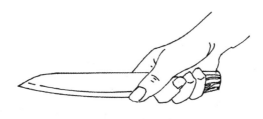

图 6-36　直刀握法

（1）打圆。这种刀法通常使用在雕刻之前制坯阶段，即在下料后将其表面切削光滑并使之带有一定的弧度。刀具为大号直刀口以持刀手的拇指和食指捏住刀柄前的刀身，中指、无名指和小手指握刀柄。用另一手的拇指和中指捏住原料两端。运刀时，用持刀手食指第二关节抵住原料下部，拇指内侧要按在原料上，即拇指的一半在原料上，一半在刀上（图6-37）。持原料手的食指向顺时针方向推动原料转动，而运刀方向是逆时针，左右手配合，同时运刀。

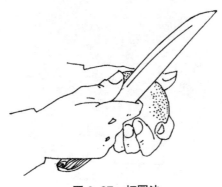

图6-37　打圆法

（2）直刻。直刻是雕刻花瓣的一种方法。刀具为直刀。用一只手除拇指外的四个手指握住刀柄，刀背即刀柄的上端夹在四个手指的第二关节处，刀刃向下（图6-38）。用另一只手的拇指和其余的四个手指捏住原料上下两端。运刀时，持刀手的拇指按在原料下端，并与持原料手的拇指抵住，运刀方向向下，雕刻一般使用中部刀刃。

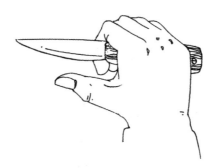

图6-38　直刻法握法

（3）旋刻。旋刻与直刻很相似，亦用于花瓣雕刻，也采用直刀。与直刻不同之处在于，旋刻时刀尖直对着原料的底部，持刀手的拇指要按在原料上，运刀的方向为逆时针，雕刻时一般用前部的刀刃。该方法一般用于较宽的花瓣的雕刻（图6-39）。

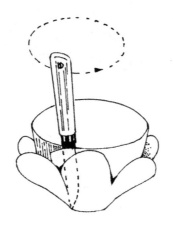

图 6-39　旋刻法

2. 圆口刀法

圆口刀的持刀方法与握钢笔的方法相同。

（1）叠片法。这种刀法用于雕刻较小的花瓣，如梅花花瓣。其步骤是：刻花蕊—去料—刻花瓣—去料—刻花瓣。第一步是将圆口刀垂直插入原料，转一周，退刀，刻好蕊。第二步是去余料，将圆口刀倾斜一定角度进刀，与第一刀相交，去下一块余料，有几片花瓣就刻几块料，这时花蕊就显露出来，同时，花瓣的外形也形成。第三步是刻花瓣，将刀对准刚才去料的刀痕，略后退一些，进刀（注意不要刻断），退刀。第四步是去料。将刀对准前一刀的刀痕，略后退一些，进刀，与前一刀相交，刻去料。这时第一层花显露出来。以下再去料，刻花瓣，完成花朵雕刻（图 6-40）。

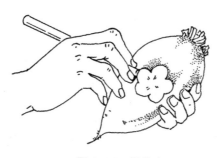

图 6-40　叠片法

（2）条刻。一般用于雕刻细长条的花瓣或鸟的羽毛。花瓣的刻法基本上与叠片法的刀法相似，但在刻花瓣时，第一刀形成花瓣，第二刀不向花瓣对直外刻进，而在与花瓣偏斜的一半刻进，这样就可以凸出花瓣，而且花瓣就由粗阔片成为较细的线条，如雕刻菊花（图 6-41）。

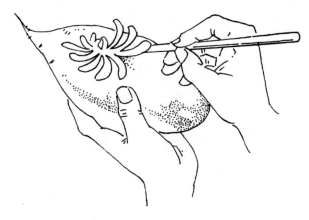

图 6-41　细条刻

（3）曲线细条刻。用半圆口刀操作。刻法和细条刻相似，区别在于刻花瓣时，刀刃刻进原料不是直线，而是呈"S"形弯曲推进原料。这样所刻出的线条就成为曲线形，如雕刻卷瓣菊花（图6-42）。

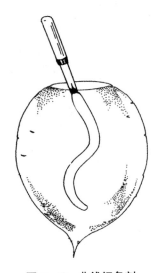

图 6-42　曲线细条刻

3. 翻刀刻

翻刀刻的刀法可用于雕刻半开放的花朵或翘起的鸟类羽毛。常用的操作方法有两种。

（1）翘刀翻。一般是刻细条花瓣或翘起的鸟类羽毛。刻法基本上与细条刻相似，但在刻花瓣或羽毛的第二刀时，应将刀柄缓向上抬起，使瓣尖薄，瓣根厚，最后待刀深入原料内部，将刀轻轻向上翘，将刀拔出。刻好后放水中浸泡，花瓣就会很自然地呈现出来（图6-43）。

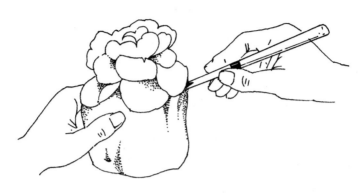

图 6-43　翘刀翻

（2）隔层翻。一般用于雕刻大型半开放的花瓣，先用叠片刻的方法，将外层花瓣刻2～3圈，然后在花瓣里面的四周刻掉一圈，使内部花瓣呈现出来，再在里层用较大的斜口刀刻大花瓣，其进刀深度不同，前一刀浅一些，后一刀深一些，就形成一朵外层开放、内层含苞欲放的花朵（图6-44）。

图 6-44　隔层翻

4. 排戳刻

一般选用半圆口刀操作。将圆形或椭圆形原料两端削平，用半圆口刀在原料内部一刀紧连一刀的排戳成圆圈，使原料外层与里层分离。通常圆直径约3厘米的原料，可排戳3圈。刻完后用手顶出原料的2/3，留1/3相连，形状似宝塔，如荸荠宝塔花（图6-45）。

图 6-45　排戳刻

5. 选剪刻

一般选用平口刀和剪刀操作。先将原料选刻成花朵，再用剪刀逐层剪成尖形花瓣，如刻剪菊花（图 6-46）。

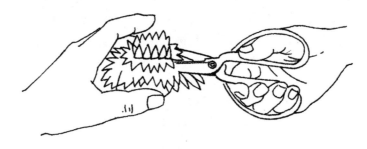

图 6-46　选剪刻

6. 平刻

用平口刀或圆口刀操作。多用于较板实的原料，如蒸蛋糕等。先将原料削成长形或圆形，使原料两端平整，刀口一致，按作品形态加工成形，再切成片。平刻作品一般用于冷盘拼摆和热菜的配料等（图 6-47）。

图 6-47　平刻

（三）食品雕刻的手法

雕刻手法是指在执刀的时候，手的各种姿势。在雕刻过程中，执刀的姿势只有随着作品不同形态的变化而变化，才能表现出理想的效果，符合主题的要求，所以，只有掌握了执刀的方法，才能运用各种刀法雕刻出好的作品，常规的执刀手法有横刀手法、纵刀手法、执笔手法、插刀手法。

1. 横刀手法

横刀手法是指右手四指横握刀把，拇指贴于刀刃的内侧。在运刀时，四指上下运动，拇指则按住所要刻的部位，在完成每一刀的操作后，拇指自然回到刀刃的内侧（图6-48）。此手法适用于各种大型整雕及一些花卉雕刻。

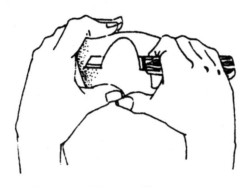

图 6-48 横刀手法

2. 纵刀手法

纵刀手法是指四指纵握刀把，拇指贴于刀刃内侧。运用时，腕力从右至左匀力转动（图6-49）。此手法适用于雕刻表面光洁、形体规则的物体，如各种花卉的坯形等。

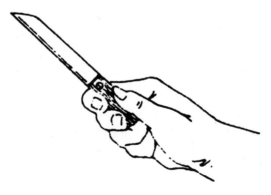

图 6-49 纵刀手法

3. 执笔手法

执笔手法是指握刀的姿势形同握笔,即拇指、食指、中指捏稳刀身(图6-50)。此手法主要适用于雕刻浮雕画面,如瓜盅、瓜灯等。

图 6-50　执笔手法

4. 插刀手法

插刀手法与执笔手法大致相同,区别是小拇指与无名指必须按在原料上,以保证运力准确,不出偏差(图6-51)。此手法主要适用于较规则的物象,如动物的鳞片、羽毛和花卉。

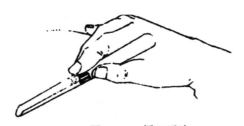

图 6-51　插刀手法

七、食品雕刻技艺

(一)花卉雕刻

花是真诚、善良、美好的象征,为世人所喜爱。作为食品雕刻的花卉应用范围最广,从大型宴会到家庭的餐桌都可用它来装点。

花卉雕刻是食品雕刻的基础,初学者在学习花卉雕刻的同时,可学习掌握一些造型艺术的基础和雕刻手法为以后的整雕、瓜盅、瓜灯的制作,以及雕品设计、创新打下一定的基础。

1. 花卉雕刻的特点

(1)要根据雕刻对象的颜色选择原料。花卉雕刻一般都是利用原料自身的色泽和质地。

（2）在进行雕刻花瓣前，要先将原料制成一定形状的坯。

（3）雕刻的顺序一般是由外向里，或自上而下分层雕刻。

（4）雕刻花瓣有时要使花瓣薄厚不一，以便在雕刻后，经水泡自然翻卷。

（5）花卉雕刻的刀法较规则。一般采用直刀法、旋刻刀法、斜口刀法、圆口刀法和翻刀法。

（6）花卉雕刻的重点是花朵雕刻。枝杆及花叶一般采用自然花卉的枝和叶，或采用其他植物的枝与叶，而很少另外进行雕刻。

（7）在花卉的组合、布局中，可借鉴插花艺术。

2. 花卉雕刻的步骤

花卉的雕刻步骤如图 6-52 "月季花" 所示。

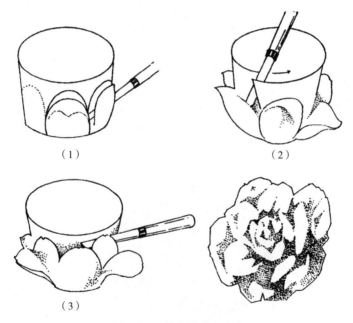

（1）

（2）

（3）

图 6-52　花卉的雕刻步骤

（二）鸟类雕刻

在自然界中，鸟类的种类繁多，五光十色，舞姿翩翩，仪态万千，但我们只要认真观察是可以找出许多共同点的，如鸟的头部、翅膀、羽毛、尾、爪等都具有大同小异的特点，掌握了各种鸟类的共同点和不同点，依据鸟类写生资料，了解鸟的各部位名称，掌握鸟的结构动态及透视变化等问题，就可举一反三，所以说雕刻鸟类也并非是件难事。

1. 鸟类雕刻特点

（1）根据雕刻对象的性格、特点、大小选择原料。

（2）鸟类雕刻一般采用整雕手法。首先是整体下料，刻出大体轮廓，然后逐步进入精雕细刻程序。

（3）雕刻鸟类的顺序一般是自上而下，从整体到局部雕刻。

（4）鸟类雕刻的刀法丰富而又有变化，常选用直刀、斜口刀、圆口刀、V形刀、小戳刀等刀法。雕刻时，可根据对象灵活用刀。

2. 鸟类雕刻的步骤

鸟类雕刻的步骤如图 6-53 "孔雀争艳"所示。

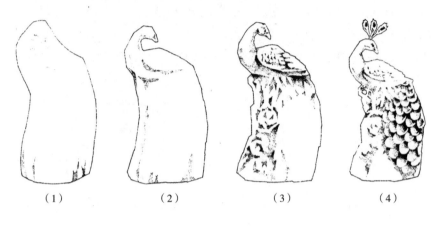

（1）　　　　　　（2）　　　　　　（3）　　　　　　（4）

成品

图 6-53　鸟类雕刻的步骤

（三）动物雕刻

在食品雕刻的内容中，动物的形态造型所占的比例较大。每种动物的形态千变万化，我们抓住其一瞬间的优美姿态作为雕刻对象，在雕刻前要以动物素材、资料为基础，了解各种动物的解剖结构、比例，区别不同种类动物的特征。如畜类、兽类动物雕刻时，要了解解剖结构，掌握在运动中的动物脊柱一般结构和弯曲规律，还要知道动物的肌肉所形成的一般形状，掌握它们的伸缩规律。在不同角度塑造形象的时候，心里要有一个三维立体的空间概念，把形象的各部位结构、比例紧密连接起来，也可利用夸张、理想的手法进行设计创作。

在动物的雕刻中，除了解各种动物的特性外，更应注意"以形传神"和"以神传情"的塑造。有些动物要尽量避免形象本身的丑陋感，巧隐外露的厌恶状，"明知是动物，却要见人情"，来托物喻理、寓象表意，使动物以温、柔、稚、舒、闲、聪、伶的仪态出现，给雕品留下淳深含蓄、韵致俊逸的风采。

1. 动物类雕刻特点

（1）根据雕刻的主题形象，选择雕刻手法，是整雕、零雕整装、浮雕刻，还是镂空刻。

（2）依据雕刻对象的性格、特点、动态大小选择原料。

（3）动物类雕刻一般采用整雕和零雕整装相合的形式。

（4）雕刻动物类的顺序一般是整体下料，自上而下的逐步雕刻。

（5）动物类雕刻的刀法较为多样，常选用直刻、插刻、旋刻。雕刻时可根据对象灵活用刀。在体形结构的雕刻刀法上宁方勿圆。

2. 动物雕刻的步骤

动物雕刻的步骤如图6-54"麒麟玉书"所示。

（四）风景雕刻

风景雕刻在宴会和菜肴中出现，其主要目的是陶冶情趣，刺激食欲。因此，造型一般以园林景点为主，楼台亭阁、奇峰怪石、花木山水是雕刻的极好题材。景点中的花木形态万千，层层叠叠；亭阁错落有致，丰富多彩；山石飞舞跌宕，有刚有柔；古塔高耸云霄，形式多样。在雕刻中要充分掌握这些特点。

风景雕刻中具体物象较为复杂，层次较为繁复，雕刻时应抓住重点，突出主题，提炼雕品的意境。如雕刻园林石峰，不仅要雕出它节奏变化的轮廓，而要将石纹的张驰起伏、抑扬顿挫表现出来。从中国传统美学观来看，石品就是人品的象征，石骨就是风骨的写照，借石寓情、以石传神，故石峰与"岁寒三友"中"虚心有节"的竹和"幽谷芬芳"的兰，都成为中国文人崇高气节的化身。因此，风景雕刻更能体现作者的思想，增添宴席的气氛。

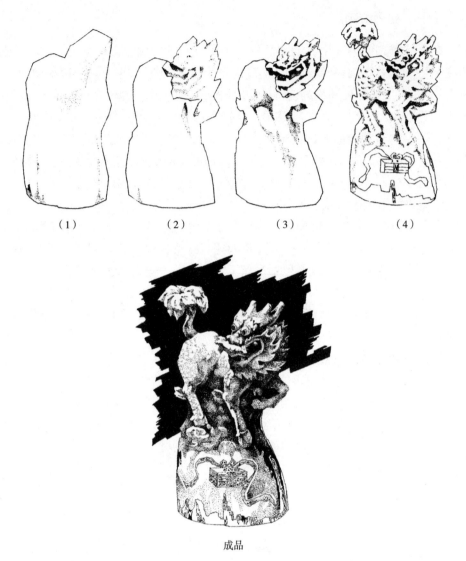

（1）　　　　（2）　　　　（3）　　　　（4）

成品

图 6-54　动物雕刻的步骤

1. 风景类雕刻特点

（1）根据雕刻的主题形象，选择雕刻手法，是整雕、零雕整装、浮雕，还是镂空雕。

（2）依据雕刻对象的特点和气势大小选择原料。

（3）风景雕刻一般采用零雕整装和整雕的手法。

（4）风景雕刻的刀法较为多样，一般古塔、亭阁、山石都用直刻手法。雕刻时，可根据对象的形态特点，灵活用刀。

2. 风景雕刻的步骤

风景雕刻的步骤如图 6-55 "椰林风姿" 所示。

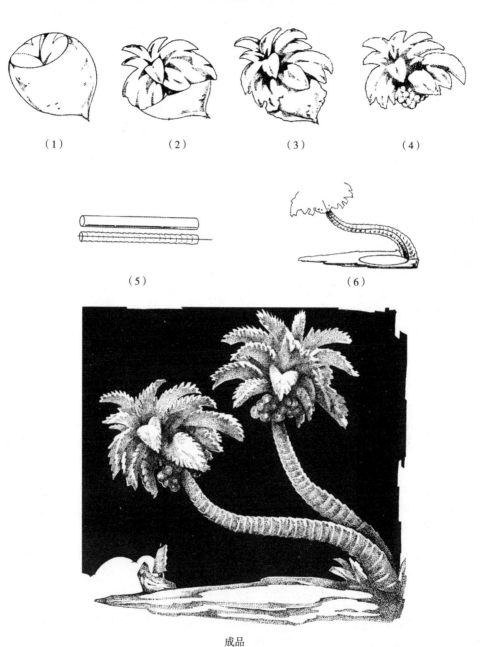

（1） （2） （3） （4）

（5） （6）

成品

图 6-55 风景雕刻的步骤

（五）器物雕刻

器物类雕刻大多取材日常生活的装饰观赏物品。其形式有出自传统的陶瓷器皿，来自民间装饰形式；有精美的花篮、花瓶、古玩及文房四宝；也有粗犷古朴的青铜器。把这些形象用食品雕刻表现出来，能够起到美化宴席台面、点缀菜肴的效果。

在食品雕刻中，一般以花瓶和仿玉雕造型为主，其形状多样，风格不一，所以表现在食雕上也没有固定格式。如花瓶造型，其外形上形式多样，有仿动物形、花卉形、人物形等。内容上丰富多彩，有山水图案、动物图案、花鸟图案、风景图案、人物图案以及装饰图案。雕刻风格各异，有直刻、镂空、浮雕、勾线、突环等多样手法。因此，在餐饮中应根据宴会主题确立造型形式，再根据造型选择原料。

1. 器物类雕刻的特点

（1）按雕刻设计的形象，选择原料的形态、质地和色泽。

（2）根据设计的形象和原料的特点，选择雕刻手法，是整雕、零雕整装、浮雕、镂空雕还是多种手法的结合。

（3）雕刻器物的顺序一般是整体下料，自上而下的逐步雕刻。

（4）器物雕刻的刀法较为多样。雕刻时，可根据对象灵活用刀。

2. 器物雕刻的步骤

器物雕刻的步骤如图6-56"丝瓜玉瓶"所示。

（六）人物雕刻

人物造型为题材的食品雕刻，以其造型逼真、结构严谨、技术难度大而独树一帜。

人物的雕刻除了在人物形象、比例结构有严格要求外，还要掌握人物的平衡、统一和节奏感。要记住：头部、胸部和骨盆部是人体中三个最大的体块。当体块向前后左右屈伸、旋转、扭动时，就会产生人物的动作。了解人物的运动规律，使我们在雕刻过程中，能够运用原料形态特点，以准确、简洁、明快的刀法塑造人物的动态。

人物雕刻的取材非常丰富，有民间传说中的故事人物，有现代装饰变形人物，有体育、舞蹈运动人物，还有卡通趣味人物等。一般雕品造型取决于宴会的规模大小、主题性质和时间地点的因素。

人物雕刻手法多样，一般以整雕为主，其方法是根据构思的主题形象，在原料上找出它们的适当比例位置，至上而下的进行雕刻。雕刻人物的原料，一般以红薯、萝卜、南瓜和胡萝卜为宜。

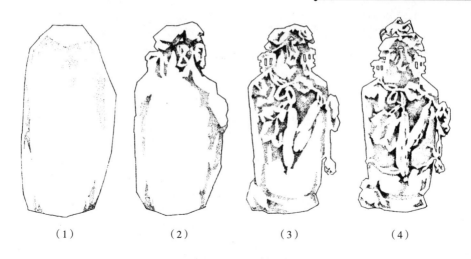

（1）　　　　　　（2）　　　　　　（3）　　　　　　（4）

成品

图 6-56　器物雕刻的步骤

1. 人物雕刻特点

（1）根据雕刻的主题形象，选择雕刻手法。

（2）根据雕品人物的特点和动态变化，选择原料。

（3）人物雕刻的顺序一般是以头部为单位，整体下料，逐步修刻。

（4）人物的雕刻的刀法较为多样，一般依据人物的特点，掌握面部表情神态和衣褶变化规律，灵活运刀。

2. 人物雕刻的步骤

人物雕刻的步骤如图 6-57 "骑士风采" 所示。

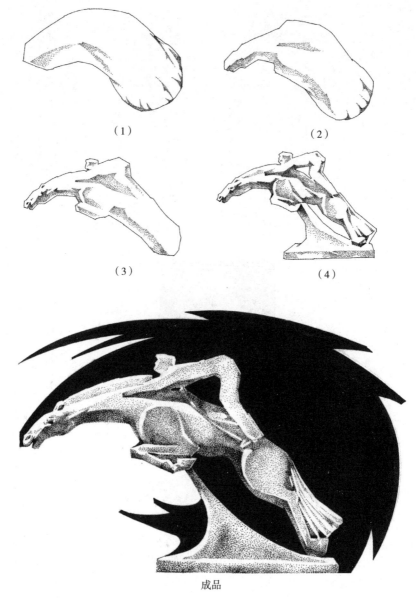

（1）　　　　　　　　　　　（2）

（3）　　　　　　　　　　　（4）

成品

图 6-57　人物雕刻的步骤

八、瓜盅与瓜灯雕刻

（一）瓜盅

　　瓜盅是食品雕刻中最受人们欢迎的品种，它不但广泛运用于凉菜、花台以及食品展台，起到美化席面作用，而且还广泛用于热菜之中。其作用不仅是为了盛放菜肴，更主要的是点缀菜肴和增添宴席气氛。很多初学者也往往从雕刻瓜盅入手，来掌握雕刻技法。

瓜盅的刻法有两种：一种是浮雕法，另一种是镂空法。其中应用最多的是浮雕法。浮雕法主要又有两种形式：一种是阳纹雕刻，所雕刻的图案向外凸出；另一种是阴纹雕刻，所雕刻出的图案向里凹陷。但在具体雕刻时，刀法的变化是很灵活的。在一个瓜盅可以有浮雕的阴阳纹样，也可有镂空纹样出现。其表现手法和内容多种多样，但只要掌握基本刻法，就可以创造出丰富多彩的作品来。

1. 瓜盅雕刻的基本要求

（1）适合雕刻瓜盅的原料，一般以体大、内瓤空的瓜类为主，如西瓜、冬瓜、南瓜、香瓜等。因为这些瓜表面富有较强的表现力。

（2）瓜盅雕刻所用的刀具主要是 V 形刀、圆口刀，还有用直刀、斜口刀以及异形刀。

2. 瓜盅雕刻步骤

瓜盅在果蔬雕刻中属刻画造型艺术。它主要是利用瓜表皮与肉质颜色明显不同的特点，用深浅两种线条和块面，在瓜表面组成画面和图案。瓜盅在雕刻技法上不仅要求高，而且主要是在图案设计方面，设计的效果直接影响瓜盅的雕刻。

瓜盅主要由盅本身和底座两个部分构成。盅又分盅体和盅盖（图 6-58）。

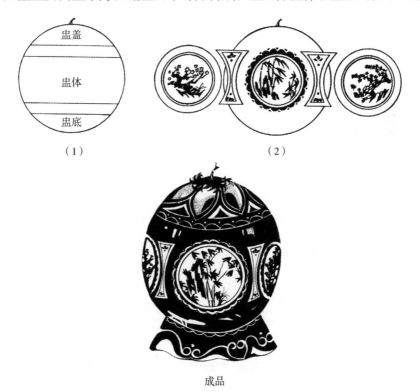

图 6-58　瓜盅雕刻

瓜盅雕刻首先是设计与布局，制作者要根据瓜盅的结构特点和造型要求，从瓜盅的整体布局、主体设计、装饰点缀三方面进行构思。设计时，最好在纸上画出小稿，依据设计样稿即可着手雕刻。

（二）瓜灯

在食品雕刻中，瓜灯的雕刻难度较大，程序较为复杂。瓜灯雕刻就是用特种雕刻工具，在西瓜、香瓜、萝卜等瓜果的表皮上，运用各种不同的刀法，把瓜果雕刻成花纹图案和特种瓜环的宫灯形状。

瓜灯的雕刻，除在其表面雕刻出一些可向外凸出的图案外，还要雕刻出一些环和扣，使瓜灯的上部和下部离开一定的距离。这些环扣不但要起连接作用，而且形状还要美观，雕刻完后挖去瓜瓤，瓜内置以灯具，达到通室纹彩交映，别具奇趣的艺术效果。

1. 瓜灯雕刻的基本要求

（1）瓜灯雕刻一般分为构思、选料、布局、画线、刻线、起环、剜瓤、突环、组装等步骤。

（2）选料、布局要根据构思，充分利用瓜灯的整体造型。

（3）线条要整齐划一，下刀要准确、均匀、平滑。剜瓤时要保持瓜壁厚薄一致。

（4）突环时要细心，以免碰断突环。

（5）突环后放在水中浸泡，使其发硬，便于整形。

（6）在应用过程中，要不断喷水，以防干瘪、变形。

2. 瓜灯的雕刻方法

一般选用 1 ~ 1.5 千克深绿色西瓜为原料。要求选用体圆、表皮光滑无斑迹、有瓜柄的西瓜。雕刻方法如下。

（1）依照圆规画圆的原理，用线和针在西瓜上画圆。第 1 道线距瓜柄约 5 厘米；第 2 道线与瓜柄相隔约 10 厘米；第 3 道线与第 2 线相隔约 8 厘米；第 4 道线相隔第 3 条线约 5 厘米。划 4 道线，再顺序雕刻。

（2）在瓜蒂与第 4 道线内用刀刻团寿环；在第 3 道线与第 4 道线用刀刻锁壳环；在第 2 道线与第 3 道线用刀刻鸟、鱼、虫等图案；第 1 道线与第 2 道线之间用刀刻窗环。

（3）用小号直刀，根据图案线条、顺序雕刻。

（4）在窗环上口挖个圆洞，用勺口伸入瓜内，挖去瓤，接近瓜皮时不可过于用力，以防戳破瓜皮。皮壁的厚薄要均匀，以便装置灯时，灯光透射均匀。

（5）用金属细丝，戳进瓜柄旁，穿在窗环的瓜皮中，以防止金属丝脱落，可用火柴梗垫起。在瓜蒂上挂上灯须，其形如宫灯。

（6）可以在雕刻好的瓜灯中心置以灯具照明，亦可在瓜皮内点上小蜡烛照明（图6-59"宫灯高照"）。

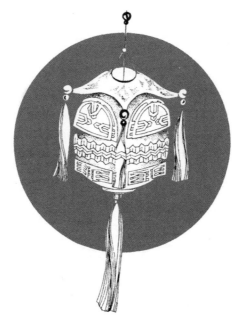

图 6-59 宫灯高照

 思考与练习

1. 冷菜造型艺术的构思与设计的依据是什么？

2. 为什么说食品原料在造型中的运用是进行艺术拼盘的重要环节？

3. 热菜造型的自然美、图案美、象形美是如何体现？

4. 菜肴围边的形式有哪些？谈谈围边的作用？

5. 中国面点造型艺术的特点是什么？

6. 食品雕刻的种类有哪些？各有什么特点？

7. 分析说明食品雕刻的刀具及其适用范围与作用。

8. 简述瓜盅与瓜灯雕刻的艺术特色。

9. 论述烹饪造型艺术美的原则。

10. 简述食品造型图案的艺术规律。

11. 简述中国面点造型的艺术风格与特色。

第七章

饮食器具造型艺术

本章内容： 中国饮食器具美

饮食器具的美学原则

菜肴造型与盛器的选择

饮食器具造型分类

教学时间： 4 课时

教学目的： 本章是课程应用与实践学习的内容之一，要求学生了解中国饮食器具的发展历史，培养对饮食器具的审美能力，掌握饮食器具实用美学原则，并能够应用所学知识对不同宴会的餐具进行选择和组合，充分体现出饮食器具的美学思想。

教学要求： 1. 了解饮食器具之美是饮食美的重要组成部分、饮食器具既有实用价值，又有审美价值。

2. 了解中国饮食器具的历史发展史。

3. 能够审美盛器的种类（酒具、茶具、食具）。

4. 掌握发挥餐具之美，在使用餐具时处理好多方面的多样统一关系、盛器的选择与应用。

5. 熟记并掌握饮食器具的美学原则。

课前准备： 观赏古今中外饮食器具实物和图片。

人类的劳动是一种按照美的规律创造的活动。饮食器具作为日常生活实用器具在现代生活中占据着重要地位，它们具有的历史、艺术、科学、实用的价值，将随着社会的进步发展，逐渐被人们所认识和利用。在使用饮食器具的过程中，其优美的造型、和谐悦目的色彩装饰都会给人带来无穷的美感和愉悦。

饮食器具之美也是烹饪工艺美术的重要组成部分。饮食器具既有实用价值，又有审美价值。因此，餐饮必须研究饮食器具的美学价值，正确地使用，才会给顾客以美的享受。

第一节　中国饮食器具美

中国传统的烹饪饮食器具不仅在烹饪宴饮活动中有着不可或缺的实用价值，而且具有很高的艺术价值，是中国文化宝库中一颗璀璨的明珠，有着举世瞩目的地位。饮食器具之美是餐饮艺术整体美的重要组成部分。倘若在优美的环境中品尝着美味佳肴，而餐具十分粗劣，或者在形式美方面完全违反宴席的主题，其整体美将会被破坏。餐具造型能给人以清洁卫生、舒适愉快之感，而且让人增强食欲。饮食器具造型之美亦有助于增进烹饪艺术家对本职工作的热爱，提高劳动热情，激发创作才能。饮食器具在实用价值之外还有着不可估量的艺术欣赏价值、文物价值、历史资料价值，其精美者，往往一杯一盏，价值连城，尤以古代餐具为最。因此，对中国饮食器具的研究，是中国文化中一个极其重要的研究部分。饮食器具的研究，着重探讨饮食器具的实用与审美之间的关系，如能深入研究下去，将会给烹饪工艺美术注进新的血液。

一、中国饮食器具的历史发展

中国饮食器具的历史发展，按时间先后和不同质料的生产工艺，大致可分为五个时期。

（一）陶器时期

陶器是人类使用最早的烹饪器具。陶器的出现，对人类历史的发展，有着不可估量的意义。它一经产生，便成为人类日常生活中不可缺少的用具，促进了人类定居生活的形成，并加速了人类文化的发展。直到今天，陶器仍然广泛使用于人们的生产和生活中。这里讲陶器时期仅取其狭义，即指我国陶器的产生、发展、盛行，在当时的器具中几乎只有陶器，而无其他材质制成的烹饪器具的时期——标志着新石器时代的开始。这一时期，我国陶器的造型和装饰艺术达到了极高的水平，它的美学原则直至今天在工艺美术生产中仍有着重要的借鉴价值。

新石器时代的陶器，按装饰手法和表面色彩，可分为彩陶、黑陶、红陶、灰陶、印纹陶等。按质地可分为泥质陶、夹砂陶、夹炭陶、细砂陶等。陶器经过几千年的发展，有手制、模制和轮制等成形方法，彩陶通常是手制的（图7-1）。质地以细泥质的红陶为主，经过淘洗后陶土非常细腻，陶坯未干时用圆石卵把表里两面磨光，画上黑、紫、红、白色图案，有的彩绘前加一层陶衣，增强艺术效果，陶器在窑中烧成后，底子变成红色，表面现出黑色、深红色或紫黑色花纹，光滑美观，这种陶器既是生活用品又是艺术欣赏品。图7-2为一组新石器时代陶器。

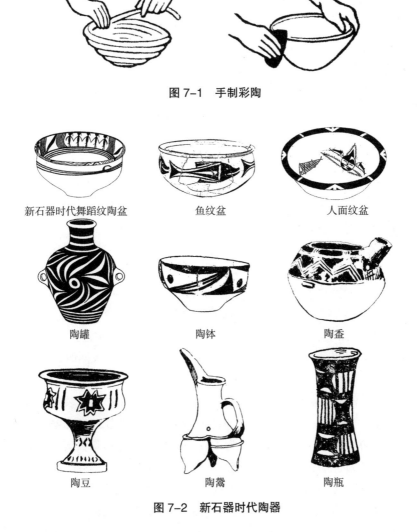

图7-1　手制彩陶

新石器时代舞蹈纹陶盆　　　鱼纹盆　　　人面纹盆

陶罐　　　陶钵　　　陶盂

陶豆　　　陶鬶　　　陶瓶

图7-2　新石器时代陶器

1. 彩陶

彩陶是指新石器时代晚期的一种手制的用红、黑、白三色绘饰带有花纹的陶器，分布地区很广，延续时间很长，其中以黄河上游仰韶文化的彩陶最为丰富。

仰韶文化的制陶工艺已经相当发达，设有专门的窑场，由妇女集体从事生产。器形样式繁多，作吸水、盛水用具的有尖底瓶、胡芦形瓶等，作饮食用具的有钵、碗、杯、豆等，作蒸煮食物用具的有甑、灶、釜、罐、鼎等，作盛储用具的有盆、罐、瓮等。

此外，甘肃、青海的半山—马厂文化，长江流域的大溪文化和辽宁的红山文化，东部沿海的青莲岗文化和大汶口文化等都有彩陶。从新石器时代末期到青铜时代的齐家文化、辛店文化、卡约文化、寺洼文化以至铁器时代初期的沙井文化等，也都有一定数量的彩陶。

2. 黑陶

龙山文化是仰韶文化和大汶口文化的继承和发展，龙山文化因最初发现于山东历城龙山镇而得名。黑陶的分布地区比仰韶文化更广泛，如山东、河南、陕西、山西、河北、江苏等省皆有发现。陶器制作中轮制技术的出现是龙山时期制陶工艺上的一个大革命，随着陶轮的出现，不仅生产力大大提高，而且所制器皿厚薄均匀，造型规整。陶窑的结构也比仰韶文化有所进步，最突出的是黑色薄而光亮的蛋壳陶的出现。纹饰以绳纹和篮纹最常见，也有方格纹、划纹和镂孔纹等。除前一时期的碗、盆、罐、鼎和豆外，还发明了鬲、甗、斝、鬹等新品种。鬲的三个款足扩大了受热面，加快了炊煮的速度，甗是鬲和甑的结合，比鼎、甑蒸煮食物更方便。器物种类增多，结构复杂，更加实用和美观是这一时期器物造型的特点，它的典型代表是鬹。

黑陶多数是轮制的陶器，色黑而有光泽，器壁极薄，装饰简朴，不以纹饰为重，而以造型见长，造型规整、单纯，富于直线变化，作风精巧、挺拔、朴素，分布在黄河中、下游及东部沿海一带，以山东龙山文化和良渚文化出土最多。

综上所述，原始社会的陶器，有以下三个共同特点。

（1）原始陶器与生产、生活紧密相联。陶器制作是物质生产过程，既满足当时人民物质生活的需要，也满足人们的审美需要，生产者同时也是使用者和欣赏者。

（2）原始陶器的实用性与审美性是辩证统一的。如彩陶的装饰纹样，都在陶器腹部以上，正是由于原始人席地而坐，陶器平放地上，俯视要求的结果；陶罐的小口是防止液体外流，大腹是为了在一定容积内取得最大容量而设计的；鬲的三个款足是为了加大受热面而制作的，后来直接影响了青铜鼎的造型。

（3）原始陶器的装饰图案，不论人物、动物、植物，还是几何形和编织纹，都表现出淳厚、质朴的感情，具有原始时代的鲜明特点。而进入奴隶社会以后，装饰图案就明显地打上了阶级的烙印。

（二）青铜器时期

　　这里所谓的青铜器时期主要指烹饪食器，青铜器在中国饮食器具中显示了最高的艺术成就，成为当时中国饮食器具的代表。青铜器作为我国独具特色的传统文化艺术源远流长，从历史发展的角度看，青铜器经历了两个高峰，其中殷墟期的商代青铜器是中国古代青铜器发展史上的第一个高峰；春秋中期到战国中期是中国古代青铜器发展史上的第二个高峰。

　　从出土的青铜器看，饮食器具占据很大的比例，由于当时青铜铸造业全部被王室、贵族所占有，权贵们用合金作鼎以盛肉，作簋（或敦）以盛黍稷稻粱，作盘、匜以盛水，作爵、樽以盛酒。他们用这些合金制品"以蒸以尝""以食以享"，青铜器演绎为权力的象征，从而大大发展丰富了饮食器具，图7-3为一组青铜器具。

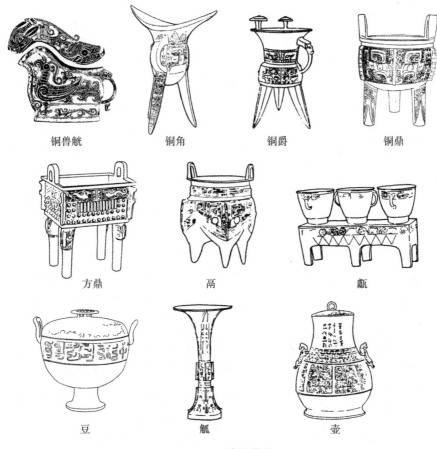

| 铜兽觥 | 铜角 | 铜爵 | 铜鼎 |

| 方鼎 | 鬲 | 甌 |

| 豆 | 觚 | 壶 |

图7-3　青铜器具

不同时代的青铜器具有以下特点。

（1）夏。此阶段青铜器以铸造简单的工具、兵器发展到比较复杂的空体容器，作为饮食器具出土了爵、觚等。

（2）商。此阶段作为饮食器具出土的容器是薄胎。商代青铜器礼器是以酒器（觚、爵）为核心的"重酒组合"，其美学风格崇尚华丽繁缛、雍容堂皇。作为饮食器具出土的食器有簋；酒器有觚、爵、斝、角、卣、壶、罍；水器有盘、盂。

（3）殷墟期。此阶段作为饮食器皿出土的容器是厚胎。

（4）西周。西周青铜器礼器是以食器（鼎、簋）为核心的"重食组合"。其美学风格渐趋简朴大方，定型化、程式化显著。作为饮食器皿出土的食器除上面提到的，还有簠、盨、盘；水器有匜、觚、彝。

（5）春秋战国时期。此阶段青铜器的地方性显著加强，呈现多种风格争奇斗艳的新形式。北方表现为雄浑凝重，南方表现为秀丽清新。作为饮食器皿出土了敦等。

（6）秦汉时期。秦汉时期青铜器形制多固定化，变化不多，崇尚实用，更趋朴素轻巧的美学风格，过去的觚、爵、斝等饮食器皿被逐渐淘汰，代之而起的新品种、新造型，大多是有利于实际生活需要的，同时也保留沿用了一批传统饮食器皿，如鼎、壶、盘、杯、豆等。其造型装饰在原有的基础上有所发展，因而具有新的风格特点。

中国饮食器具进入青铜时期的条件是生产力发展，能够生产青铜器。中国饮食器具便由陶器时期的实用之美、质朴之美，而变为狞厉之美、恐怖之美、神秘之美。其装饰纹样中最典型者便是"饕餮"纹样。对这种狞厉之美如何理解？一方面，要看到社会生产力发展的必然性，历史进程中不可避免的甚至是必要的残酷性以及它所赋予历史文化的崇高之美。另一方面，要看到中国古代劳动人民创造这种壮美风格的智慧和力量。

（三）漆器时期

在人类历史上，发展并使用天然漆大概是中国人的独创了，漆器具有比青铜器、陶器优越得多的实用和审美方面的特点——轻便、耐用、防腐蚀，可以彩绘装饰等。漆碗作为饮食器皿，出现在六七千年前的河姆渡文化时期，时至春秋战国作为饮食器皿的漆皿在许多生活领域逐渐取代了青铜器皿，此时出土的饮食器皿有豆、盘、杯、樽、壶等，其风格简朴洗炼。

漆器作为高级餐具（漆器不能作为炊具），流行于楚、汉、魏、晋时期的上层统治阶级的日常生活之中，以西汉为最。它的渊源可上溯到新石器时代，河姆渡文化出土的漆木碗已呈现出南方的优美风格。这种风格的进一步发展，形成了战国楚文化的浪漫主义美学风格，成为中国漆器美学风貌的基础。在当时，漆器有比金、银、铜、铁器轻巧，又比珠、玉、玛瑙易得的优点，赢得了上层统治者的青睐而盛行一时。其造型和装饰秀丽典雅、精致堂皇，纹样飞动流畅，色泽光润平滑。典型的型制有耳杯、勺、羽觞、漆案等。秦汉时期的漆器比铜器贵重，一直被视作奢侈的象征，崇尚典雅，淳朴、富丽、庄重的美学风格。作为饮食器皿出土了耳杯、云纹漆案及漆盘等（图7-4）。

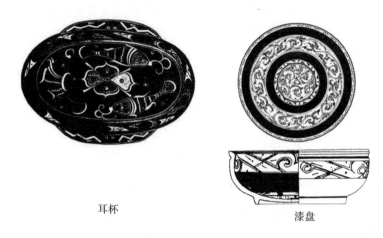

耳杯　　　　　　　　　　　　　　　漆盘

图7-4　漆器

（四）瓷器时期

我国瓷器工艺进入成熟阶段是在封建社会中期。瓷器胎质洁白坚硬，表面具有一层润泽透明釉，音响清澈，断面具不吸水性，坯胎用高岭土制作，经1300℃高温烧成。

瓷器是我国劳动人民的伟大创造，在世界文化史上占有重要地位。商周时代用高温烧成的原始瓷器已具有某些瓷器的特点。发展到汉晋，劳动人民经过长期摸索实践，烧成了青瓷，青瓷烧结度较高，胎骨坚硬，细致紧密，气孔率和吸水率很低，叩之能够发出清脆的声音，具备了瓷器的基本特征。到隋代，白瓷的烧制已具有一定水平。白瓷的烧成在我国陶瓷史上有着重大价值，为后来彩绘瓷器的发展奠定了良好的基础。

瓷器发明后，由于非常实用而又成本较低，原料分布较广，因而在很短的时间里便得到飞速发展，到唐、宋时，窑场已遍布全国。

从出土实物考察，至魏晋南北朝时代，青瓷已达到成熟阶段。尤其是南北朝的青瓷器，典雅秀丽，温润柔和，器皿造型独具特色，既饱满浑厚，又端庄挺秀，有别于两汉，不同于唐末，突出地表现了这一时期独特的时代风貌。青瓷上的装饰常见的有压印花、附加堆纹和划花等。魏晋南北朝青瓷为唐、五代盛极一时的越窑青瓷器带来一定影响。

瓷器"至唐而始有窑名"。由于各地胎土、釉料、燃料不同，且各窑烧造技术不同，因而形成的艺术风格也就不同，各有各的特点。所以，我国从唐代开始，习惯上以窑名来代表瓷器的品种和特色。这种传统习惯一直延续到现代。

1. 唐瓷

如图 7-5 所示，唐瓷的典型表现为以邢窑为代表的白瓷（是一种胎色洁白、釉色白净的瓷器，具有素净莹润的特点）和以越窑为代表的青瓷（具有胎体细薄、釉色青绿光滑的特点），具有"南青北白"的显著特征，其风格给人以圆浑饱满的观感，精巧而有气魄，单纯而有变化。作为饮食器皿出土了碗、盘、碟、壶、罂、碗、杯、盆、水盂、缸等。瓷器胎质坚硬，釉色莹润，纯净如翠。唐代的著名窑场主要有南方的越窑和北方的邢窑。唐代青瓷以越窑产品最负盛名。窑址在今浙江省余姚、绍兴和上虞一带。唐人陆羽《茶经》中称赞越窑瓷器"类玉""类冰"。

图 7-5　唐瓷

2. 宋瓷

宋瓷是中国瓷器的一个高峰，以其无比的秀雅灵动、亲切宜人的形美，光润动人、韵致隽永的质美，在中国饮食器具发展史上放射出永不熄灭的光华。它的第一大特点是色质之美，往往使人感到任何一点装饰手法都成蛇足。如钧瓷那灿如晚霞、变化似行云流水的窑变色釉；汝窑那汁水莹润如堆脂的质感；景德镇那色质如玉的青白瓷；龙泉青瓷中翠绿晶润，堪称青瓷釉色之冠的梅子青；还有哥窑那布满断纹，有意制作的缺陷、瑕疵；黑瓷中的油滴、兔毫、鹧鸪斑、玳瑁那样的结晶釉和乳浊釉，等等，其色质之美至今仍令人叹为观止。宋瓷的第二大特点是造型之美，达到了审美和实用高度的统一，往往使人感到无须任何装饰，其型制本身已千姿百态，灵动秀雅，尽善尽美，耐人观赏。以壶为例，便有瓜棱壶、兽流壶、提梁壶、葫式壶、凤头壶等。宋瓷的第三大特点表现在磁州窑、耀州窑等民窑的装饰手法上，将图案绘画化，运用写意笔法表现出活泼的花鸟虫鱼、人物山水及书法等，朴实豪放，大气磅礴。耀州窑长于刻花、印花，线条刚劲有力，活泼流畅。总的说来，宋瓷无论在宫廷还是民间，皆以一种淡雅质朴之美令人神往，即便灿如云霞的钧瓷，也大异于唐三彩的华丽之风，而以一种天生丽质令人倾倒（图7-6）。

图7-6　宋瓷

3. 元瓷

瓷器烧制方面的突出成就是发明了青花和釉里红两个新品种。所谓青花，即以青色钴料绘制成清新典雅的画面，作瓷器上的装饰，具有水墨画一样的效果，十分富有民族的风格特色。此后，笔绘青花工艺便成为中国瓷器生产的主流。其优点在于：一是着色力强，发色鲜艳，窑内气温对它影响较小，烧成范围较宽，成色稳定；二是为釉下彩，永不褪色，无毒；三是原料为天然含钴矿物，我国出产丰富，亦可出口。加之实用美观，深受国内外民众欢迎，为其他瓷窑各类品种无法匹敌。因此，它一经产生，便以旺盛的生命力迅速发展，其主要产地景德镇也迎来了空前的繁荣，青花瓷遂成为景德镇的主要产品，也成为元代以后我国的主要瓷器而畅销海外。元瓷如图7-7所示。

图7-7　元瓷

4. 明瓷

明朝时期，我国瓷器进入了以彩瓷为主的黄金时代。除正常生产青花、釉里红而外，又发明了五彩和斗彩，风格富丽堂皇。其装饰手法的最大特点是程式化程度很高。程式化的好处是：易于达到最佳装饰效果，但随之而来的弊病是千篇一律，缺乏创新，成为清代瓷器装饰方面陈陈相因的先导。明瓷如图 7-8 所示。

图 7-8　明瓷

5. 清瓷

清朝时期，瓷器装饰仍以彩瓷为主，发明了珐琅彩（又称景泰蓝，早在明代景泰年间产生了画珐琅彩的高级蓝色颜料装饰成的瓷器），即在瓷胎上掐上铜丝组成的图案，再填以珐琅蓝色，制成后精致辉煌，故又称瓷胎珐琅或掐丝珐琅，专供宫廷欣赏之用。更有"白如玉，明如镜，声如磬，薄如纸"的卵幕杯，剔透精工的镂空转心转颈瓶，仿木器、仿漆器的瓷器等。以上瓷器皆无实用价值，而且有失瓷器工艺的特点，舍长而就短，虽生产工艺登峰造极，但阻碍了艺术上的发展，是中国饮食器具发展的末流。值得称道的是玲珑瓷的出现，即先在胎体上镂孔，再用釉填平后烧成，孔部呈半透明体，寓变化于统一之中，美观而又大方。清瓷如图 7-9 所示。

图 7-9　清瓷

（五）现代中国餐具

中国餐具将进入科学与艺术结合得更加巧妙的新阶段。中国古代餐具经历了陶器时代、青铜时代、漆器时代、瓷器时代等不同历史阶段，其共同的发展规律是实用、卫生、方便、经济、美观。不符合实用、卫生条件的餐具是没有前途的。青铜器之所以退出历史舞台，重要原因之一是它不能盛装酸性食物，亦不宜盛酒过夜；漆器之所以不能在餐桌上占主要位置，也是因为卫生问题。

现代中国餐具仍以瓷器为主的同时，进入了现代化的百花齐放时期。与古代相比，明显变化表现在两个方面：首先是造型和装饰的现代化，由于中外文化的频繁交流，西方文化对中国产生了一定的影响。在"古为今用，洋为中用"方针下，西方装饰手法的长处被融进中国传统工艺中，形成符合现代人审美心理的美学风格，呈现出更为丰富多彩的面貌。就日用餐具的美学风貌而言，比明清之际清雅而又简洁。在装饰内容和题材方面，赋予了明显的时代特色。其次是材料的现代化，在以陶瓷为主的同时，广泛采用了其他原料。饮食习惯上有时也用刀、叉，也喝咖啡等，这一趋势仍然是中外文化交流的必然，也是现代中国餐具的发展方向。

中国瓷器几乎集中了中国餐具的全部优点：精美、轻便、卫生、原料丰富易得；粗瓷易于普及，价廉而物美；精瓷可以在装饰上无限地做文章，以至价值连城。瓷器自诞生以来，便迅速占据了统治地位，在中国饮馔史上雄霸 2000 年而至今不衰。正因为如此，中国宴饮器具美学的研究，应以瓷器为重点。

第二节 饮食器具的美学原则

除少数专供欣赏、殉葬的烹饪饮食器具以外，中国传统的饮食器具都是为实用而制作。因此，它的形式美必须服从实用，使审美紧密结合实用，并为实用服务，这是中国饮食器具的美学原则。

我们从饮食器具的演进历程看，它经历了由起初的注重实用到后来的实用兼顾美观的发展过程。饮食器具作为一种社会文化的象征，已经成为饮食业不可缺少的、具有实用功能的装饰陈设品，出现在酒店的餐桌上，每时每刻将美传达给人们。

一、饮食器具的实用与审美特征

现代饮食器具具有鲜明的特质，它属于设计文化和饮食文化结合成的一种新的文化现象，有着特定的功利属性。作为现代饮食器具，它的造型意识、加工手段、材料运用必须满足现代人使用的要求，同时还要适应人们的审美习惯，因此，形成了独立的审美特征。其主要表现在以下两个方面。

（一）材质美

科学技术的发展，为饮食器具开拓了广阔的前景。对现代工艺技术、新材料的运用，制作出了花色品种繁多的现代饮食器具。如水晶玻璃、搪瓷、塑料、金属等饮食器皿，构成了饮食器具丰富多彩的艺术风格，其发展逐步趋向标准化、通用化。

随着社会主义经济的不断发展，人民生活水平的不断提高，人们的审美情趣也发生了改变，从而出现了能反映现代风尚的多种多样的饮食器具。它们无论在造型设计意识，还是装饰风格方面，都已适应了现代社会人们的审美要求。如追求富丽堂皇风格的仿金、银饮食器具，追求简朴、大方风格的不锈钢饮食器具等。在传统的基础上有了很大发展，呈现出了现代饮食器皿的繁荣景象，可以说它们是劳动人民智慧创造的结晶。

（二）功能美

现代人审美要求不断提高，要求在使用饮食器具的同时获取美的享受。现代饮食器具表现出了高度审美功能和明确的使用功能的完美结合，注意加强了对造型现代意识的设计处理，并力求通过运用美学和实践结合的原则以便增强其造型的生动感，达到良好的功能性和艺术美感的和谐统一，这也是现代饮食器具的一个发展方面。

二、饮食器具的多样与统一

发挥餐具之美，应在使用餐具时处理好以下三方面的多样统一关系。

（一）餐具与餐具的多样统一

餐具有碗、碟、匙、筷、盆、盘等，实际上已十分"多样"了，因此，关键问题是如何达到"统一"。如果在同一桌宴席中，粗瓷与精瓷混用，石湾彩瓷和景德镇青花杂揉，玻璃器皿和金属器皿交合，寿字竹筷和双喜牙筷并举，围碟的规格大小相参，必然会使人感到整个宴席杂乱无章，零乱不堪。这种情况在中等以下饭店和宴席中常常出现，即使是高档宴席，稍不注意，也会出错。因此，在使用餐具时，应尽量成套组合，就是说，在购置餐具时就要注意一套一套地买，而不要一件一件地买。如果因破损、遗失或其他原因而不能成套组合，必须用其他器具品种代替时，也应当尽量选用美学风格一致的器具，而且应在组合的布局上力求统一。例如，有一套青花餐具中原有 12 把汤匙损坏了 2 把，最好不要以富丽堂皇的粉彩代替，可用别的青花瓷、白瓷、玲珑瓷等清淡风格的汤匙代替，或将 12 把汤匙全部换成统一规格的另一种汤匙；或将其中 6 把换掉，以两个品种相间排列，求得统一美的效果。如果需要增加一个铜火锅，最好选一个雕刻花纹、简练典雅的火锅，并将火锅置于餐桌正中，成为"鹤立鸡群"的重点餐具，这样，不但不破坏统一整体，反而会使整体效果更佳。

（二）餐具与环境气氛的统一

即讲究餐具与家具、室内装饰等美学风格上的统一。如在完全现代化的餐厅内，用古色古香的餐具，就不太协调。在清淡幽雅的餐厅中用富丽堂皇的粉彩餐具，也不太恰当。在庄重隆重的国宴上用粉彩仕女图装饰的餐具就显得小器，不够严肃。诸如此类，都应严加选择。

（三）餐具与人的统一

这里所谓人，包括服务人员和进餐人员，餐具的美学风格应尽量与服务人员的服饰风格相一致，并与进餐人员的审美修养相契合。

第三节　菜肴造型与盛器的选择

菜肴盛器，指烹调过程的最后一道工序——装盘所用之盘、碟、碗等器皿。

俗话说"红花还需绿叶配"，菜肴亦是同样，也需要有适当的餐具来配衬，使内在美和外在形式美达到完美统一，在满足人们食欲的同时给人以美感。

一般地说，餐具上的菜盘具有双重功能，一是使用功能，二是审美功能。盛器和菜肴恰到好处的组合能为菜肴的形式锦上添花，使菜肴显得古朴典雅，鲜艳明快。而且，还可烘托宴席气氛，调节顾客宴前情绪，刺激食欲。

一、盛器的种类

盛器的种类很多，从质地上可分瓷器、银器、紫砂陶、漆器、玻璃器皿等；从外形上可分为圆形、椭圆形、多边形、象形形；从色彩上可分为暖色调和冷色调。盛器装饰图案的表现手法又可分为具象写实图案和抽象几何图案。

中国餐饮历来讲究美食配美器。一道精美的菜点，如能盛放在与之相得益彰的盛器中，则更能展现出菜点的色、香、味、形、意。再则盛器本身也是一件工艺品，具备了审美的价值，如选用得当，不但能起到衬托出菜点的作用，还能使顾客得到另外一种视觉艺术的享受。当今餐饮行业竞争激烈，餐饮业的经营者除了在菜点的品种上翻新改良，质量上更注重色、香、味、形到位外，在盛器的运用上也同样不断变化。饭店、宾馆里用的盛器基本都是白瓷盘为主，加上象形盘以示新意。如今使用的餐具变化多样，有仿日式的异形盘，土俗的陶制品，乡土气息的竹木藤器，异国情调的金属、玻璃器皿等，可见饮食器具的使用与发展已形成了一个百花齐放的崭新时代。但是，饭店的经营者与厨师一般是凭自己的感觉去选用盛器，或是市面上流行什么器具就用什么器具，使用的效果有时并不理想。如何选用一个能表达出宴席主题的器具，则是要根据餐饮美学的原理与餐饮的特性来决定。

（一）单色盘

单色盘是指那些色彩单纯，又无明显图饰的瓷盘，如白色盘、红色盘、蓝色盘、绿色盘以及透明的玻璃盘和黑亮的漆器盘。此类盘烘托菜肴的功能突出，在餐具上有较强的感染力。其中，白色盘是使用最多的一种，它具有高洁、清淡和雅致的美感特征。选用此类盘的方法比较简单，一般只要注意菜肴与盘子的色调统一这一原则，就可大胆构思、造型。如果选用盛器与菜肴色泽是属同类色或类似形，菜肴显得和谐统一、明快大方；如果选用盛器与菜肴色泽构成对比关系，菜肴又显得突出鲜明，瑰丽诱人。

在选用单色盛器时，如果一味地追求盛器与菜肴的统一或对比，往往会造成色彩的单调、呆板。因此，菜肴与盛器之间应遵循调和中求对比，对比中求调和这一原则。"单色盘"一菜（图7-10），选用了一只钴蓝单色盘，由于淡黄色的盐水鸭与钴蓝色的盛器构成对比关系，菜肴色彩难以调和，颇具匠心的作者用黄瓜、莴苣、西蓝花将盐水鸭围成圈，使黄、蓝这组对比色由淡绿色泽调和相间，菜肴顿然生辉、分外风雅。

图7-10　单色盘

（二）几何形纹饰盘

此类盘一般以圆形、椭圆形、多边形为主，盘中的装饰纹样多沿盘边四周均匀、对称展开，有强烈的稳定感。纹饰的主图案排列整齐，环形摆布，又有一种特殊的曲线美、节奏美、对称美。再则，盛器的纹饰五彩斑斓，美不胜收，如图7-11所示。其中青花瓷纹最为常见。

使用圆形、椭圆形瓷盘的关键要紧扣"环形图案"这一显著特征，可依菜择盘，也可因盘设菜。就是说，可依据菜肴的色彩、造型和寓意，来选择使用瓷盘。也可根据瓷盘的纹饰、色彩和寓意，来构思设计菜肴的造型、色彩和意境，力争使菜肴和盘饰的色彩和形状达到统一和谐。此类盘面上纹饰图案一般都比较完美，在与菜肴组配时就不用再花精力去雕花刻草，过分点缀，可直接利用盘饰图案来装饰菜肴。如"水磨丝""大煮干丝""宫爆鸡丁"等这类自然装盘的菜肴，选择环形纹饰的瓷盘，使菜肴与盘饰的形式、色彩浑然一体，巧妙自然，统一而富于变化。

图7-11　几何形纹饰盘

（三）象形盘

此类盛器是在模仿自然形象的基础上设计而成的，以仿植物形、动物形、器物形为主，一般常用花朵形、叶片形、鱼形、蟹形、鸳鸯形、孔雀形、花形、贝壳形、船形等形式。这些玲珑剔透的盛器使宴席趣味横生，生气盎然，如图7-12所示为花朵形象形盘。

使用象形盛器时，要充分利用象形图案的特点，在与菜肴组配时要注意菜肴与盛器形式的统一。就是说，仿鱼形的盛器配烹制的鱼类菜肴，仿牛形的盛器配烹制的牛肉类菜肴，贝壳形的配烹制的鲜贝、虾仁，仿叶片形的配烹制的各类素菜等，使内容和形式完美统一。但是，在使用这类象形盛器时还必须防止因追求局部的完美，而影响整体盛器的统一美。

图 7-12　象形盘

菜肴与盛器具体配合时的情况也十分复杂，形态有别、色彩各异、图案不同的盛器与同一菜肴组配，会产生迥然各异的视觉效果。反之，同一盛器与色、形不同的多种菜肴相配，也会产生不同的审美印象。不同的质地、形态以及色彩和图案的盛器有着不同的审美效果。

二、盛器的选择

（一）盛器大小的选择

盛器大小的选择是根据菜点品种、内容、原料的多少和就餐人数来决定的。一般大盛器可在50厘米以上，冷餐会用的镜面盆甚至超过了80厘米。小盛器只有5厘米左右，如调味碟等。大盛器盛装的食品多，可表现的内容也较丰富。小盛器盛装的食品自然也少些，表现的内容也有限。因此，要想表现一个题材和内容丰富的菜点时，应选用40厘米以上盛器，如表现以山水风景造型的花色冷拼"瘦西湖风光"和工艺热菜"双龙戏珠"。在盛器的选择上要充分考虑盘面的空间，造型时才能将景点中的五亭桥、白塔等风光和双龙的威武腾飞的气势充分的展现出来。在整只烤鸭、烤乳猪、烤全羊、澳洲龙虾等大型原料处理时，必须选用与菜肴相适合的盛器，这样才能充分展现原料自然美的形态特色，并配上点缀的辅料，增加了菜肴的视觉美感。在举办大中型冷餐会和自助餐时，由于客人较多，又是同时取食，为了保证食物的供应，也必须选用大型的盛器。

　　一般表现厨师精湛的刀工技艺时，可选用小的盛器。如食品展台上的蝴蝶花色小冷碟，盛器只有 10 厘米大小，但里面用多种冷菜原料制成的蝴蝶造型栩栩如生，这充分体现了厨师高超的刀工技术与精巧的艺术构思。此外，就餐人数少，食用的原料量也就少了，自然盛器就选用小型的了。

　　宴席、美食节及自助餐采用大盛器，象征了气势与容量，而小盛器则体现了精致与灵巧。因此，在选择盛器大小时，应与餐饮实际情况相结合。

（二）盛器造型的选择

　　盛器的造型可分为几何形和象形两大类。几何形的盛器一般为圆形和椭圆形的，是饭店、酒家日常使用的最多的盛器。另外，还有方形、长方形和扇形的，这是近年来使用较多的盛器。象形盛器可分为动物造型、植物造型、器物造型和人物造型。动物造型的有鱼、虾、蟹和贝壳等水生动物造型；也有鸡、鸭、鹅、鸳鸯等禽类动物造型；还有牛等兽类动物造型和龟、鳖等爬行动物造型；亦有蝴蝶等昆虫造型和龙、凤等吉祥动物造型。植物造型的有树叶、竹子、蔬菜、水果和花卉造型。器物造型的有扇子、篮子、坛子、建筑物等造型。人物造型有福建名菜"佛跳墙"使用的紫砂盛器，在盛器的盖子上塑了一个生动有趣的和尚头像。还有民间传说中的八仙造型，如宜兴的紫砂八仙盅等。

　　盛器造型的主要功能就是能点明宴席与菜点主题，以引起顾客的联想，达到渲染宴席气氛的目的，进而增进了顾客的食欲。因此，在选择盛器造型时，应根据菜点与宴席主题的要求来决定。如将"糟熘鱼片"盛放在造型为鱼的象形盆里，鱼就是这道菜的主题，虽然鱼的形状看不出了，但鱼形盛器将此菜是以鱼为原料烹制的主题给显示出来了。再有将"蟹粉豆腐"盛放在蟹形盛器中，将虾胶制成的菜肴盛放在以虾形盛器中，将蔬菜盛放在大白菜形盛器中，将水果甜羹盛在苹果盅里等，都是利用盛器的造型来点明菜点主题的典型例子，同时也能引发食用者的联想，提高了食用者的品尝兴致。在喜庆宴会上，将菜肴"年年有余"（松仁鱼米）盛装在用椰壳制成的粮仓形的盛器中，则表达了宴席的主人盼望在来年再有个好收入的愿望。在寿宴中如用桃形小碟盛装冷菜，桃形盅盛放汤羹或甜品等，桃形盛器点出了"寿"这个宴席主题，渲染了宴席的贺寿的气氛。再如，在"八仙宴"中选用以八仙人物造型的盛器来盛装菜点，就能将"八仙"这个主题给突现出来。

　　盛器造型还能起到分割和集中的作用。如想让客人品尝一道菜肴的多种口味，就得选用多格的调味碟。如"龙虾刺身""脆皮银鱼"等，可在多格调味碟中放以芥末、酱油、茄汁、椒盐、辣椒酱等2～3种口味的调料供客人选用。我们把一道菜肴制成多种口味，而又不能让它们相互串味，则可选用分格型盛器，如"太极鸳鸯虾仁"盛放在太极造型的双格盆里，这样既防止了串味，又美化了菜肴的造型。有时为了节省空间，则可选用组合型的盛器，如"双龙戏珠"组合型紫砂冷菜盆。这样使分散摆放的冷碟集中起来，既节省了空间又美化了桌面。

　　总之，菜点盛器造型的选择是要根据菜点本身的原料特征、烹饪方法及菜点与宴席的主题等来决定。

（三）盛器材质的选择

　　盛器的材质种类繁多。有华贵靓丽的金器银器，古朴沉稳的铜器铁器，光亮照人的不锈钢，也有散发着乡土气息的竹木藤器；有粗拙豪放的石器和陶器，也有精雕细琢的玉器；有精美的瓷器和古雅的漆器，也有晶莹剔透的玻璃器皿；还有塑料、搪瓷和纸质等。盛器的各种材质的特征都具有一定的象征意义，金器银器象征荣华与富贵，瓷器象征高雅与华丽，紫砂、漆器象征古典与传统，玻璃、水晶象征浪漫与温馨，铁器、粗陶象征豪放，竹木、石器象征乡情与古朴。纸质与塑料象征了廉价与方便，搪瓷、不锈钢象征了清洁与卫生等。

　　如设计仿古宴席，除了要选用与那个年代相配的盛器外，还要讲究材质的选择。如"红楼宴"与"满汉全席"虽然时代背景都是在清朝，但前者是官府的家宴而后者是宫廷宴席。"红楼宴"盛器材质的选择相对要容易些，金器银器、高档瓷器、漆器陶器等，只要式样花纹符合那个年代的风格即可使用。而"满汉全席"在盛器材质的选择上相对要严格些，盛器不论是真品还是仿制品，都必须要符合当时皇宫规定的规格与式样。再如设计的是中国传统的宴席——药膳，盛器则可选用江苏宜兴的紫砂陶器，因为紫砂陶器是中国特有的，这就能将药膳的地域文化的背景烘托出来。还有在设计地方特色宴席——农家宴、太湖渔家宴、东北山珍宴等，则可选用竹、木、藤器以及家用陶器、砂锅、瓦罐等。以体现出当地的民俗文化，使宴席充满了浓浓的乡土气息。有时在选择盛器的材质时，还要考虑客人的身份地位和兴趣爱好。如客人需要讲排场而且有一定消费能力的，可以选用金器银器，以显示他们的富有和气派；如客人是文化人则可选用紫砂、漆器、玉器或精致的瓷器，以体现他们的儒雅和气质；如是在情人节则可选用玻璃器皿，让情侣们更增添一份浪漫的情调。

此外，盛器材质的选择还要结合餐饮本身的市场定位与经济实力。定位高层次的餐饮则可选择金器、银器和高档瓷器为主的盛器；定位中低档的则可选择普通的陶瓷器为主的盛器；定位特色风味则要根据经营内容来选择与之相配的特色盛器；烧烤风味可选用铸铁与石头为主的盛器；傣家风味食品可选用以竹子为主的盛器等。

总之，在选择盛器的材质时，必须结合宴席的主题与背景，选用与之相配的材质制作的盛器，才能取得良好的效果。但无论选择哪种材质制成的盛器，都必须要符合食品卫生的标准与要求。

（四）盛器其他方面的选择

盛器的选择还包括对颜色与花纹的选择和功能的选择等。盛器的颜色对菜点的影响也是重要的。一道绿色蔬菜盛放在白色盛器中，给人一种碧绿鲜嫩的感觉；而盛放在绿色的盛器中，这样的感觉就平淡的多了。一道金黄色的软炸鱼排或雪白的珍珠鱼米（搭配枸杞），放在黑色的盛器中，在强烈的色彩对比烘托下，使人感觉到鱼排更色香诱人，鱼米则更晶莹透亮，食欲也为之而提高。有一些盛器饰有各色各样的花边与底纹，如运用得当也能起到烘托菜点的作用。2018 年中国烹饪代表团赴卢森堡参加世界杯烹饪大赛时，参赛者选用了一套镶有景泰蓝花边的白色盛器，这套高雅精致的盛器体现了中国瓷器的风格，菜肴显得更加靓丽诱人，获得了良好的效果。

盛器功能的选择主要是根据宴会与菜点的要求来决定的。在大型宴会中为了保证热菜的质量，就要选择具有保温功能的盛器。有的菜点需要低温保鲜，则需选择能盛放冰块而不影响菜点盛放的盛器。在冬季为了提高客人的食用兴趣，还要选择安全的能够边煮边吃的盛器等。

综上所述，在制作一道菜点和一席酒宴时，除了在菜点本身的制作上要下工夫外，在选择使用的盛器上，必须要根据菜点和宴席的主题及举办者与参加者的身份等要求，对盛器的大小、造型、材质、颜色、功能等作精心的选择，才能使菜点和宴席的色、香、味、形、器、意充分的展现出来，必然会受顾客的欢迎而获得宴席成功。

当然，选择何种盛器的依据除了依照菜肴的造型和色彩之外，还应考虑相邻菜肴的色彩、造型和用盘的情况，以及桌布的色彩等具体环境的需要。总之，发挥盛器之美，应处理好盛器与盛器的多样统一，盛器与菜肴的多样统一，盛器与环境气氛的统一，盛器与人的统一。

第四节　饮食器具造型分类

　　饮食器具，包括酒具、茶具、咖啡具和食具。酒、茶、咖啡，在日本被称为嗜好饮食。其中酒、茶是中国传统的嗜好饮食，而咖啡源自非洲，后传入世界各国。从生理心理角度去分析，酒往往与潇洒有关，茶则与清逸有缘，咖啡偏于热烈兴奋。这三者虽也有养生作用，但人们一般不把它作为养生饮食看待，多是为了满足嗜好，追求一种情趣，它们与美学的关系尤为密切。饮食器具造型艺术美必须适应宴饮的习俗和生理心理要求。如酒杯型制小，乃因酒性烈，多饮则醉之故。茶性平和，故茶杯一般大过酒杯，但又不能过大，过大则不易散热，茶叶易被烫熟而影响品味。宋以前人用双手捧碗喝茶，其茶碗形状与后来的茶杯不同，形近于饭碗但碗壁弧度很小，盛茶量自然少些，既便于捧饮，又便于散热。饮食器具的装饰，必须符合视觉器官接受的方便性，如碗、壶、杯，器壁较高，皆装饰外部，而盘、碟，器壁较低，皆装饰内部；底部不作装饰，只作落款署名之用。器形与人手、口接触的部位尤须光滑，方可保证宴饮时触觉感官的舒适。这一切，都充分体现了实用和审美相结合的原则。

一、酒具

　　我国在夏代已发明了酒。酒可以舒筋活血，也可以使人兴奋、激动，还可以使人麻醉、昏迷、失常。因此，酒自诞生之日起，就有着它的特殊功用。隆重喜庆的场面必以酒助兴，愤激、悲壮的场面则以酒解忧，达官贵人以酒炫耀富贵，文人骚客以酒寄托高逸之情……可见酒既有积极的一面，又有消极的一面。消极、积极皆由人去掌握，人美则酒美。从以上所举饮酒的各种心理要求看，酒具的装饰应以潇洒为基调而又要丰富多彩。例如，大杯饮黄酒和红酒，特别符合外国人的习惯；小杯饮白酒，则在中国尤为盛行。但中国北方民间常以大碗喝酒，而且不讲究菜肴，正是北方劳动人民豪爽性格的自然流露。高足响杯用于宴会，碰杯声清脆悦耳，能增添欢愉的气氛。青铜酒器在古代用于祭祀，颇具庄严神圣的气氛。《红楼梦》中描写的竹根套杯和黄杨木雕套杯，每套十个，由大到小，可依次套进最大的一个杯中，杯上雕刻着绘画书法，是上好的观赏性工艺酒具。国外酒杯型制远比中国繁琐，但其美学原则却是一致的，即根据酒的品种特性和饮酒者的生理心理要求来确定酒杯的大小和形状，主要分为白酒杯（小型）、色酒杯（中型）、啤酒杯（大型）三种，色酒杯中还可以分为香槟酒杯、白兰地酒杯、巴德酒杯、雪利酒杯、鸡尾酒杯、柠檬威士忌酒杯（又称酸味酒杯）等。中国酒杯型制虽不十分复杂，亦有汉酒杯、吹令酒杯、大令酒杯、二令酒杯、虎酒杯、云南酒杯、石榴酒杯、玉兰酒杯等之分，小的可装四钱酒（如汉酒杯），大的可装九钱酒（如虎酒杯）。总之，每种酒杯的大小和型制都有着一定的美的形式和风格，选用恰当的酒具于特定的宴席，必然对宴饮的美感愉悦起到重要的辅助作用。

从出土文物看，中国商周时代的青铜酒器在功用上已应有尽有：盛酒器、温酒器、饮酒器，还有自动汲酒器等，十分齐备。直到今天，材料和形制虽有递变，而基本体系不出商周范围。从时代风格上讲，商周酒器充满又恐怖的神圣的气氛，战国以后开始追求富丽堂皇，宋代趋于清淡朴实，明清趋于富丽繁缛。现代酒具造型趋于简洁明快，以瓷器和玻璃器最为盛行，十分符合现代人的审美心理。但有些酒具装饰故意猎奇，反而不美。

此外，我国有许多名酒，各种酒瓶装潢也具有美学价值，或古朴典雅、或精致堂皇，或小巧玲珑，或清秀大方，此处不再一一列举。

二、茶具

我国是茶的故乡，饮茶的习俗至少已有三四千年历史。茶能提神益思、生津止渴、杀菌消炎、减肥健美，因而茶逐渐成为一种高雅的嗜好。无论中国与外国，不仅有以茶为主的茶宴、茶话会、茶馆、茶室、茶楼，而且一切宴会，几乎都离不开茶。宴前品茶可以清口润喉，有利于品尝菜肴，宴后饮茶，可以消食除腻，解酒清神。日本人在向中国学得饮茶之法以后，加上自己的创造，形成了一套"茶道"。所谓茶道，实集饮茶之礼节、仪式、风俗、习惯和科学方法之大成，其中充满了形式美、伦理美的规律。如1586年，千利休被任命为茶道高僧后，总结出茶道的基本精神为"和、敬、清、寂"四字，主张和睦友好，尊老爱幼，闲寂幽雅，这无疑是追求一种美的精神境界。而这种精神境界又是通过一整套美的形式来体现的。在这一整套美的形式中，茶具占据了很大的比重。

我国茶具历史悠久，品种繁多，工艺精湛，金、银、铜、锡、玉、水晶、玛瑙皆可为之。最著名的有景德镇白瓷茶具、浙江青瓷茶具、宜兴紫砂茶具等，尤以宜兴紫砂陶器为最。

景德镇白瓷茶具和其他白瓷器皿一样，素以"白如玉、声如磬、明如镜"著称，用这种茶具泡茶，无论是红茶还是绿茶，对汤色都能起到很好的衬托作用。白玉似的色泽和优美的造型也能给人以恬静之感。

浙江青瓷茶具造型古朴、幽雅，瓷质坚硬细腻，釉层丰富，色泽清莹柔和。早在唐代，陆羽《茶经》中就予以很高的评价："碗，越州上，鼎州次，婺州次，岳州次……"他称越瓷（即浙江青瓷）"类玉""类冰""瓷青而茶色绿""青则益茶"。而其他产区的瓷茶具皆不如越瓷,"悉不宜茶"。

宜兴紫砂陶茶具造型简练大方,色调淳朴古雅,泡茶不走味,贮茶不变色,盛暑不易馊。且年代越久,色泽越加光润古雅,泡出的茶汤也越加醇郁芳馨。因此,寸柄之壶,盈握之杯,常被视若珍宝。紫砂茶具中又以茶壶最为名贵,明朝正德年间宜兴女子供春(又名龚春)创作的稀世工艺美术杰作"供春壶",造型新颖精巧,温雅天真,质地薄而坚实,当时即有"供春之壶,胜于金玉"之称,现有一把藏于中国历史博物馆。更早的名贵茶壶还有相传为苏东坡亲手制作的东坡壶。

此外,福州脱胎漆器茶具、广彩瓷器茶具等,亦各具特色。

现代,玻璃、搪瓷、塑料也用作茶具并十分普及。

选用茶具,除考虑主导倾向之平和清雅外,还应同时注意因地而异,因时而异,因人而异,因茶而异。如东北一带,多用较大的瓷壶泡茶,然后斟入茶盅饮用;江浙一带除多用紫砂壶斟饮外,还习用有盖瓷杯直接泡饮;四川一带又往往喜用瓷制的盖碗杯,即上有盖下有托的小茶碗。各类杯中,陶瓷为佳,玻璃次之,搪瓷较差。瓷器传热不快,保温适中,不会发生任何化学反应,沏出的茶能获得较好的色、香、味,而且一般造型美观,装饰精巧,具有艺术欣赏价值,但不透明,难以观赏茶色;陶器造型雅致,色泽古朴,茶味醇郁,茶色澄洁,加之隔夜不馊,为茶具之珍,但同瓷器一样,不易直接观赏茶色;玻璃杯泡名茶(如碧螺春、龙井等),杯中轻雾飘渺,澄澈碧清,芽叶朵朵,亭亭玉立,观之赏心悦目,别饶风趣,但不及陶瓷器高古雅致;搪瓷茶具美学价值最低,但经久耐用,仍很普及,故选用茶具不能一概而论。从饮者出发,老年人和重品味者,可选用陶瓷茶具;重欣赏名茶者,可用玻璃茶具;而在车间工地饮茶,则可用搪瓷杯。从茶的品类出发,普通红茶和绿茶,各种茶具皆宜;绿茶中的高级茶和名茶,以选用玻璃杯为好,以方便观赏;各种花茶及乌龙茶,以选用有盖瓷杯和陶制茶壶为上,防止清香逸失。选用茶具,宜小不宜大,大则水多热量大,冲泡细嫩茶叶易烫熟,影响品味。今人有用保温杯泡茶者,饮茶之外行也。其保温性能虽好,但易将茶叶泡熟,叶色变黄,味涩,香低,实不符合科学性和审美性。此外,宴会选用茶具应根据宴会的整体美学风格进行配套,以烘托主题。

三、食具

食具是饮食器具中的大宗,比酒具、茶具更为重要。作为宴席,酒、茶往往为辅,而以品尝菜肴为主。从功用上看,酒、茶是嗜好饮食,对于不具备这种嗜好的人便显得无足轻重。而食具对于任何人都是必需品。因此,餐具的美丑,对人们的饮食生活更为重要。

对于餐具的美学风格特色，可以从餐具与嗜好饮食器具的区别着手研究。餐具的一大特点是使用率高。例如，酒一般用于较为重要的进餐场合，而吃饭却无所谓重要不重要，一日三餐，非吃不可。酒，多数人没有"瘾"，而吃饭却无所谓"瘾"，人人都得吃。对酒的嗜好，男人多于女人，中老年多于青少年，而吃饭，则男女老少，一概皆然。各种不同的进餐场合，餐具的美学风格之变化也丰富多彩。

日常饮食生活中，餐具能给人以安静舒适感，则可谓之上品。传统的中国餐具之美皆以此为标准。如碗的圈底，可避免端时烫手；碗的直口，可使进食时顺流而下，畅通无阻；筷的造型不及西方刀、叉、签、夹洋洋大观，但以一当十，使用方便，又独具修长灵动之美。汤匙的造型亦当然是以有利于舀汤、方便为美。盘和碟的低矮原非为了排列于汤碗周围，加强对比，使之具有形式感，而是用以放汤汁较少或无汤汁的菜肴，放在桌上，便于进餐者俯视盘中菜肴，随意取食。图案装饰上，首先必须符合视觉舒适的要求，盘壁低而饰其内，碗壁高而饰其外，都服从于视觉观赏的方便。其次，图案和色彩都必须有利于增进食欲。粉彩瓷器的富贵气可增加进餐者的自豪感；青白瓷的明洁，可增加进餐者的卫生感、雅致感、安静感；广彩的五光十色可增加进餐时的运动感。这些装饰，各有不同的刺激作用，选用时应根据具体情况，各得其所。

最难把握的是进餐场面的美学风格多种多样，餐具的美学风格也应当多种多样。选用特定的餐具，为特定的进餐场面服务，这是中国饮馔史上的传统。明清宫廷宴集，喜用金碧辉煌的餐具，则以"万寿无疆"作粉彩瓷器餐具的图案装饰。《红楼梦》中，大摆宴席时用金筷，家常便饭用银筷。民间多用朴实大方或图案装饰较为豪放的餐具。一般宴席，宜用成套餐具，取得美学风格的协调。一般饮食，宜用色彩淡雅的餐具。造型精美的菜肴可用图案装饰简洁而质地优良的餐具加以衬托；造型简单的菜肴，有时亦可用一些装饰繁复的餐具加上衬托。总之，餐具的选择和配套，是一门艺术性和技术性较强的学问。清代文人袁枚在《随园食单》中说："美食不如美器，斯语是也。然宣、成、嘉、万窑器太贵，颇愁损伤，不如竟用御窑已觉雅丽惟是。宜碗者碗，宜盘在盘，宜大者大，宜小者小，参错其间，方觉生色，若板板于十碗八盘，便嫌笨俗。大抵物贵者器宜大，贱者器宜小。煎炒宜盘，汤羹宜碗。煎炒宜铁锅，煨煮宜砂罐。"这段话充满了餐具美学的辩证法。他既强调了餐具的重要性："美食不如美器"，又强调美器为人服务的原则，倘若使用太贵重的餐具，用时惟恐损坏，小心翼翼，拘束过甚，反为不美，故只须雅丽适用即可。同时，餐具的选用应因菜制宜，使餐具与菜肴相辅相成，相得益彰。并且多种多样，参差成趣。这些原则，直至今天，仍有十分重要的借鉴意义。

此外，在高档的宴席中，应充分注意餐具与餐厅的美学风格以及宴席主题的一致性，形成美的整体。

现代中国餐具仍以瓷器为主，出色的瓷器产地有景德镇、唐山、醴陵、淄博、石湾等地，品种多样。了解各地瓷器的特点，也有助于我们选用餐具。

江西景德镇陶瓷生产历史悠久，唐代生产的白瓷即有"假玉器"之称，自南宋起逐渐成为全国的制瓷中心，号称"瓷都"。其青花瓷，幽靓雅致，装饰花纹生动；青花玲珑瓷更给人以玲珑剔透的美感。其颜色釉亦丰富多彩，红釉釉色浑厚，明朗鲜艳；青釉素淡雅致，柔和淳朴；花釉斑驳陆离，变化万千，其中尤以青花为最，驰名中外。成套的青花餐具用于宴席，可使满桌生花，幽雅动人。

湖南醴陵瓷器的特点是瓷质洁白，色泽古雅，音似金玉，细腻美观，其釉下彩美而不俗，誉满中外，1915年曾获巴拿马国际博览会一等金牌奖。

河北唐山瓷器过去质地粗糙，新中国成立后始成为名瓷，现在生产的瓷器光灿莹洁，富丽堂皇，其雕金装饰和五彩缤纷的喷彩艺术使其独树一帜。

山东淄博于北朝时期已开始烧制青釉瓷，古以雨点釉、茶叶末釉、云霞釉、兔毫釉著称，新中国成立后新创乳白瓷、鲁青瓷、象牙黄瓷，具有粗犷、浑厚、素雅、大方的特色，且质地细薄，釉面光滑，如脂如玉。

广东石湾陶瓷亦已具有1000多年的生产历史，历来有古雅朴拙、浑厚耐看、神形兼备、多彩多姿之称誉。近现代受西方装饰风格影响，五彩斑斓，别开生面，大量出口，在国外享有盛誉。

此外，如辽宁海城陶瓷、四川崇宁陶瓷、江苏宜兴紫砂陶等都各具其风貌特色。

瓷器餐具在中国饮馔史上占据着统治地位，但也不是唯一的地位，必须有其他材料的餐具辅佐。其中最突出的是竹筷或木筷。

筷作为中国所特有的餐具，早已为世界各民族所称羡。筷子，是最能代表中国文化的食具。据考，至少在夏代，中国已用筷夹食，但当时称为"梜"，有时写作"箸"，已见竹、木之别矣。秦代叫作"箸"。何时称"筷"，尚未确考，有人认为始于宋代，为避讳而改之。陆容《菽园杂记》："民间俗讳……如舟行讳住、讳翻。以箸儿为筷儿，幡布为抹布。"其实，从字义讲，"筷"当比其他名称更贴切。筷者，快也，或谓进餐时动作之轻快，或谓进餐时心情之愉快，本身便是一个美称。

筷子的质料是以竹木为主，亦有金、银、象牙、犀角、玉等，近代又有电木、玻璃、塑胶筷。其中最常用、最易取、最轻便、最耐用，也同时具有一定的工艺美学价值者仍数漆竹筷和漆木筷。古代许多竹木筷，方圆有致，式样精巧，或描龙绘凤，或汝金铺彩，或精雕图画，或镂刻诗文。有名的产品如福建漆筷、杭州天竺筷、陕西山阳木筷等。古代有一种"乌木镶银"或"乌木镶金筷"，握手部为乌木，另一端镶金或银。其木质坚硬，经久不变形不弯曲，上有雕刻图画，名贵而且适用。

筷子是中华文化圈特有的餐具，它的结构很简单，仅仅是由两根光滑的细棍组成的。我们今天使用的筷子和它祖先没有什么本质上的区别，还是两根细细的木棍，只不过出现了用塑料等"高科技"材料制作的筷子而已。筷子虽小，但也五脏俱全，只要经过一定的训练，就可以运转手部肌肉通过它达到获取食物的目的，很多古今中外的名家大师都对筷子赞不绝口。曾有人把"漆案上夹芝麻，清汤里夹粉丝，油钵里夹鸽蛋，席面上夹豆腐"作为中国用筷的"四大基本功"。

早在1000多年以前，我国筷子已传到了日本、朝鲜、越南等东南亚国家，后来又逐渐受到西方各国的重视，认为以筷为餐具在轻便卫生方面强于西方的刀、叉和以手抓食。

对筷子的选用，同样应根据宴席的规格和主题的需要。庄重古雅的宴席环境可用红木筷、乌木筷或漆竹筷；明快畅达的宴席环境可用玻璃筷，一般场合用竹筷即可。

刀、叉、签、夹自西方传来，现代我国有时也参用，以不锈钢制品为佳，明亮美观又卫生。

思考与练习

1. 为什么说饮食器具之美是饮食美的重要组成部分？

2. 简述彩陶、黑陶的美学风格。

3. 举例分析餐具在菜肴中的作用。

4. 中国餐具的美学原则是什么？使用餐具应注意哪些问题？

5. 漆器时期的美学特点是什么？

6. 青铜时期的美学特点是什么？

7. 盛器选择的功能与审美要求是什么？

8. 简述中国传统饮食器具在不同时期的美学风格。

9. 分析瓷器时期的发展历程及审美特征。

10. 论述中国酒具、茶具、食具造型的艺术风格和特色。

第八章

餐饮环境风格与审美

章节内容： 餐饮环境的选择和利用

　　　　　　餐饮环境的美化作用

　　　　　　餐饮环境风格与审美

　　　　　　餐饮与视觉艺术

教学时间： 4 课时

教学目的： 本章内容是本课程综合应用的内容之一，强化餐饮环境的选择和利
　　　　　　用的重要性；使学生了解餐饮的各种风格，掌握餐饮风格与审美的
　　　　　　相互关系。了解餐饮 VI 设计的基本原则。餐饮作为一个企业有它
　　　　　　的社会形象，塑造这形象包括理念、行为和视觉三个方面。培养学
　　　　　　生欣赏艺术作品的审美能力。

教学要求： 1. 了解传统东方风格、西方古典与现代风格、餐饮与视觉艺术的审美、
　　　　　　　　餐饮 CI 设计。

　　　　　　2. 了解中国式、日本式、印度式、伊斯兰风格装饰布置的内容与特点、
　　　　　　　　英国式、法国式、意大利式、西班牙式装饰布置的内容与特点、西方
　　　　　　　　现代风格装饰布置的内容与特点、乡村风格装饰布置的内容与特点。

　　　　　　3. 了解决定餐饮风格的主要因素、餐饮 CI 设计的内容，餐饮 VI 设
　　　　　　　　计的基本要素。

　　　　　　4. 掌握中国式餐厅的 5 种艺术形式、餐饮与视觉艺术的审美关系。

　　　　　　5. 掌握视觉识别设计的原则。

课前准备： 参观星级宾馆和饭店，体验餐饮环境的美学风格

人们进餐时既要求能够尝到华馔美肴，又要求有美的环境，包括饭店、餐厅的地理位置选择，餐厅内部装潢，摆设的声、光、色和谐，餐饮工作人员的优质服务以及宴席的精心设计等，这些都关系到人们的餐饮审美效果。

第一节　餐饮环境的选择和利用

环境美关系到人们的餐饮审美效果。就餐的场所地处风景优美的环境，人们用视觉器官进行审美，得到美的享受。同时配以美味佳肴，领略和体会到有地方特色的生活情调。这时，嗅觉、味觉和触觉也加进来感受。这样的风光美、环境美加上饮食美，几乎调动了一个人的全部审美感官，人们的审美情绪和感受也就达到了更高的层次。20世纪60年代，我国著名现代文学家茅盾在广州园林式的泮溪酒家就餐后，即兴题诗，其中的两句是："一群吃客泮溪游，无限风光眼底收。"这里的"无限风光"，当然不仅是酒家风光，而是环境与美食结合在一起所引起的极大味觉审美愉悦。从审美意识上去理解，餐饮环境美是人们的心灵美在物质环境上的表现，是人和集体的精神状态、文明水平和创造能力的反映。

饭店、餐馆总是存在于一定的环境之中。饭店、餐馆与周围环境的关系处理得是否得当，是饭店、餐馆形象美的关键。从饭店、餐馆的性质来说，它是供人进食的场所。但同时，人们在这里也进行着审美活动。这就需要把饭店、餐馆与周围环境结合起来，取得整体和谐统一的视觉效果。充分利用自然美，选择在优美的自然环境中建造饭店、餐馆，这是理想的办法。饭店、餐馆地处优越的自然环境中，能使人们身临其境，或是领略湖光山色的妩媚，或是沐浴树林草地的清新，或是欣赏秀山云海的变幻，能够从观、听、嗅、尝等多方面进行全方位的感受，从自然中获得美的享受。如杭州的楼外楼酒家，建于西湖之滨，登此楼可以把酒临风，凭栏赏月，令人胸襟开阔，精神舒畅。广州白天鹅宾馆，它的成功选址，使饭店形象独具风姿，令人迷恋。它背靠沙面岛，面向白鹅潭，环境清旷开阔，食客们可以临流揽胜，尽情地享受珠江两岸的南国风光。

饭店、餐馆的地理位置的选择，除了反映自然景观的特征外，还应注意地方特色和乡土风味的表现。"洋"是美，"土"也是一种美。洋溢着浓郁乡土美的饭店、餐馆，往往是十分诱人的，它具有天然、清新、质朴的风采。它能增添饭店、餐馆的艺术魅力，增加人们的食欲，吸引更多的食客。

饭店、餐馆的选址，还应做到经济与审美的统一，既考虑经济效益，又兼顾美学效应。如在城市，应选择交通方便、人流集中的地点建造，这样，既能满足人们的需要，也有利于饭店经营。由于城市中心地价昂贵，饭店建筑宜选择垂直方向发展的高层建筑形式，比较容易与高楼林立的周围环境形象相协调。如北京饭店地处北京繁华的王府井，南京金陵饭店位于繁华的商业中心新街口，广州中国大酒店位于繁华地带广交会会址。

第二节　餐饮环境的美化作用

一、功能与美感的统一

功能是就"用"而言的，饭店装饰布置的"功能"涉及一些专门学科，如人类工程学、材料学等。人类工程学也叫人体工程学，是第二次世界大战后发展起来的一门新学科，它以人机关系为研究对象，以实例、统计、分析为基础的研究方法。这一学科最初用于军事上，以解决武器制作如何更合乎战时的操作，后来逐渐渗透到其他领域。对饭店装饰布置的影响，包括建筑空间的处理，家具的尺度、摆放位置、照明的亮度、投射范围，以及各类电器的开关位置等。饭店的不同场所如客房、餐厅、大堂、商场、康乐中心，由于它们活动内容不同，对环境设施功能的要求也不同。

美感是指人对美的感觉和体会，饭店装饰布置中的狭义美感指属于视觉的形式美（即点、线、面和色的组织），如家具、灯具的造型、色彩，织物的装饰效果，观觉品的外观，以及各类物品在整体中的协调等。广义的美感，除了形式，还包括抽象的内容，如室内的气氛、意境等。对于美感，人类有共同之处，但也存在不少差异，这与人的经历、修养、习惯、信仰有联系。在饭店装饰布置中，我们总是以大多数人能接受的美为出发点，只是在对待特殊的宾客时，才考虑他们的不同审美特点。

功能和美感是饭店环境必须同时兼顾的两个方面，两者不能偏废。

如果单讲"功能"，有可能出现两种情况。一是缺乏应有的艺术点缀。室内除了"用"，没有任何美的效果，如同欧洲一个时期的纯功能家具一样，最终因缺乏艺术性和美的内涵而遭人摒弃。二是没有完善的功能。设施之间的外观不配套，如色彩的随意搭配，样式的混杂和新旧的差异等，整个室内显得松散和零乱，这在一些经过多年经营的饭店内尤其容易出现。以织物为例，沙发上的两块花边垫，一新一旧，虽不影响功能，但所产生的色差却大大降低了整个室内的格调。为了避免此类情况的发生，现在通常的做法是将相同的物品予以集中，放在同一厅室或同一楼面使用，既能充分利用，又不影响视觉效果。

相反，如果片面强调"美感"，而忽视功能的作用，则有可能使室内成为一个华而不实的空间，或成为变相的艺术陈列室和展览室，从而失去器具本来的作用。如室内的家具、灯具十分精美，但不合功能，结果反而成为累赘。绘画和其他观赏品也是如此，一些场合由于选择题材或表现技巧不当，结果不仅没有起到装饰作用，相反还影响了厅室的功能，如该平静的餐厅，选择动感很强的绘画，会使人心绪不安宁。

所以我们要求美感和功能的有机协调结合。一个饭店有优美的装饰布置，再加上服务人员为宾客尽善尽美的服务，这个饭店的物质条件与精神文明就是值得称颂的。

二、环境与心理的统一

饭店的环境从某种意义上说，是室内环境的再创造，这种创造离不开对人的心理和行为习惯的研究。

心理学告诉人们，人的心理过程包括认识、情感和意志三个阶段。例如，对于大海，只有看了大海那蔚蓝的色彩、起伏的波涛、一望无际的海面，然后才会产生心胸开阔，一往无前的情感。如果以同样的形式来装点室内，那么也会产生类似的感觉，这是一种联想。

以心理联想的方式创造饭店内部环境气氛的例子很多，如广州许多宾馆和酒店的"荔湾亭"设计成花艇和广东式大牌坊，给人以南方小食的气氛；国内不少饭店的"海鲜餐厅"以蓝色为主调，四周绘以海洋生物的壁画，使人有入海底龙宫之感；还有众多的"竹厅"，以竹为装饰的主题，使人有深入翠竹丛林之，并有洁高品格的联想。

心理联想是饭店装饰布置中选择形式的内容的重要依据，其方法主要有以下三种。

（一）书画联想

书法和绘画作为室内墙上挂饰是我国室内布置的一大特色。书法作为一种文字书写艺术，不仅其字体给人以情感感受，其所写内容也给人以联想。如国内不少饭店的餐厅挂有"太白醉酒"之类的书法，这种字句在此场合下读来会让人有似醉非醉之感，视环境如仙境，从而增添几分雅兴、几分食欲。休息厅等处挂上一幅气氛磅礴或意境深远的唐诗宋词抄录的书法，更会令人有无限的回味和感慨。

绘画给人的联想主要在于视觉形象，如国内不少饭店的大厅有"丝绸之路"题材的壁画，宾客身处这类厅室，就能领略古代中国与中东、欧洲丝绸贸易的壮观，从而增加对中国几千年文明史的认识。绘画在饭店布置中十分普遍，不同的绘画题材给人以不同的联想。国画的名山大川给人以壮丽的自然美的联想，水乡小景和花卉翎毛则给人以生活趣味的联想，传统西画栩栩如生的人物、静物和风景，以及现代派绘画的自然挥洒和情感表现，都给人以不同的联想。

（二）景物联想

饭店内的景物除了绘画以外，还有图片和真景实物等，这里着重论述真景实物的效应。现代饭店内大型的"厅室园林"是土建时完成的，小型的盆景、盆载和插花则是灵活的点缀，它们与工艺品的最大区别是具有生命的活力，一些海鲜餐厅陈列的活鱼活虾同样也具有这一性质。除了这些具有生命力的动植物给人以联想外，无生命力的摆设同样给人以联想，俗话说"睹物思情"。上海锦江饭店四川餐厅的"卧龙村"，墙上一张古琴，一扇羽毛，案上一座青炉，这些物品的点缀，使身居室内的宾客，品食之余，更能领略三国时代诸葛孔明的雄才大略。

作为挂饰或摆件的室内"景物"，品种繁多，给人的联想也各不相同，但一般说来，古玩、古琴、文房四室、传统雕塑之类，使人联想较多的是古代文化和历史。而渔具、草帽、纸伞、风筝、荷包之类的物品则联想较多的是人类生活和地方风情。

（三）光色联想

人对光色的反应十分敏感，不同的光和色会给人以不同的联想。正因如此，在饭店的装饰布置中为创造不同的气氛和情调，往往采用不同的光和色。如为了造成一种深沉感和幽静感，一些酒吧采用了深色背景和弱光照明；相反，为了达到热烈和欢快的效果，一些宴会厅往往采用高彩度、强对比的色彩和强光照明。

总之，利用心理联想，创造合适的环境，是现代饭店装饰布置的重要手法。

三、民族感与时代感的统一

民族感，即民族自豪感，每一个民族都为自己民族的历史和传统的文化而感到骄傲。在旅游业中，这种象征本民族和本地区的文化，往往成为吸引旅游者的重要旅游资源。现代旅游者除了观光游览，还有一个很重要的愿望就是想了解异国文化和风土人情。饭店的环境布置，如能突出本民族的文化，或者在特殊场合表现不同民族的文化、民族精神、民族特点是很重要的。

时代感，即时代精神。每一民族尽管都有自己的文化，但随着时代的发展，文化也在进步。尤其受科学技术发展的影响，生活习俗、人际关系、人生观念都在变化。在饭店室内环境布置中，一些在过去看来不可能有的设施，在当今几乎是生活中不可缺的。以家具为例，传统的中国家具没有软椅，而现在已十分普遍；古典家具中没有专门摆放电视机或音响设备的橱柜和架，也没有空调，但现代的餐厅，室内必须具备这些设备。现代感除了反映设施的现代化外，也反映观念的不断更新。一些饭店的定期大修小改和设施更新，与紧跟时代潮流不无关系。

民族感与时代感是饭店保持特色、顺应潮流所必须强调的两大方面。如片面强调民族感，民族风格有了，但舒适感和时代精神可能被忽视掉；相反，片面强调时代感，现代化的设施有了，但城市与城市、饭店与饭店、餐厅与餐厅的区别没了，纽约、东京、上海、桂林一个模样，旅游者不可能产生新鲜感，民族风格可能被忽视掉。

我国的旅游饭店，在设施走向现代化的同时，强调民族风格的环境布置有许多有利条件。就历史而言，我国有几千年的文明史，传统的建筑和家具都明显的区别于其他国家，绘画、书法和雕塑也别具一格，民间工艺更是丰富多彩。就地域而言，我国幅员辽阔，民族众多。这样，民族感就不仅是独特的，而且是独特中有变化的。剪纸、蜡染、挑花、扎染，形式之多、图案之丰富，堪称世界之最。如果以此条件，配以日益发展的现代化设施，我国饭店的内部环境必将引起旅游者的更大兴趣。

第三节　餐饮环境风格与审美

风格，即特点，决定餐饮环境风格的因素主要是时代、民族和流派。其中"时代"与生产力发展、社会发展密切相关；"民族"与这一地区的特定条件、自然环境、传统习俗分不开；而"流派"则是同一时代、同一民族的设计者，由于艺术观、审美观的不同而产生的差异。餐饮风格是一种文化，而一种文化的产生有它相应的政治、哲学思想和伦理观念。因此，不同时代、不同民族和不同流派所进行的餐饮设计都会形成其各自的特点。

餐饮采用不同风格的设计具有多种意义。首先，以本民族的风格进行设计，可以让国外宾客领略本地的文化和风土人情，我国餐饮设计一直是以中国式为主流。其次，以各国风格进行的设计，一方面可以迎合一部分不愿改变本民族习俗的顾客的需求；另一方面，可以以此来吸引更多体验者，并提高餐饮的知名度。

必须指出的是，随着各国各地区文化交流的不断深入，一种风格的设计包含有另一风格的内容也是不足为奇的。尤其是现代餐饮以现代风格为主体，结合古典西方风格或传统中国风格的例子并不少见。作为古典和传统风格的主要有中国传统式、日本式、印度式、伊斯兰风格、罗马式、哥特式、文艺复兴式、巴洛克式、洛可可式、新古典式及新文艺运动风格；作为现代风格则有现代主义、后现代主义等。另外还有追求古朴自然的乡村风格。西方各种风格反映在餐饮环境中，一般强调某国（或某地区）风格。下面介绍几种常见的风格。

一、　传统东方风格

传统东方风格比较有影响的，主要是中国式和日本式。它们显示了典型的东方文化和思想。另外，还有印度风格、伊斯兰风格等。

（一）中国式

中国式在国内也称民族式，体现在饭店的装饰布置中有两种情况：一种是部分具有中国式的特点，如以中国画、中国民间工艺、中国传统花纹和造型的家具、摆设来布置室内，这种情况很普遍，饭店内现代型的餐厅都有这类布置；另一种是典型的中国式，即从室内装修到陈设都严格地按中国的传统进行布置，一般体现在饭店的特色风味餐厅和宴会厅等。

1. 中国式餐厅的艺术形式

餐厅的形式包括两大主要部分：外观设计和内部装修。中国餐厅经过历代发展，常见的主要的有五种形式。

（1）宫殿式。以中国封建时代皇家美学风格为模式，餐厅庄严雄伟，金碧辉煌。中国餐厅常采用这一形式，餐厅正面是由对称的数根朱红方柱、彩绘梁方、万字彩顶和六角宫灯组成的长廊。梁方上面横卧红底描金的大幅横额，最高处覆绿色琉璃瓦。餐厅入口处，在点金的墙面上刻绘着丹凤朝阳图案。中间是月亮门，北面装饰着一排彩绘柱头和朱红方柱，柱间是绿色的镂空花格。西面有两扇对开的朱红大门，大门上钉着两个"黄铜"大扣环。雕梁画栋，彩绘宫灯，富丽堂皇。

当然，宫殿式风格也常用于餐厅内部装修。如饭店在外形上并非宫殿式，但其中餐厅名之曰"龙宫""皇宫"，其间张灯结彩，龙飞舞凤，红色立体花纹地毯，仿宋家具相组合，一派皇家气象，同样会使人感到仿佛置身于宫廷之中（图8-1）。

图 8-1　宫殿式

（2）园林式。宫殿式建筑中有时也包含园林因素，如西安市唐代风味餐厅"花萼相辉楼"。以皇家金碧辉煌为主导的美学风格，纵有园林特色，也属皇家园林范畴。中国古代园林共有三派，其中，皇家园林以富丽堂皇见长；江南私家园林以小桥流水、曲径通幽、清淡优雅见长；广东商业阶层园林是近代才发展起来的，以琳琅满目、五颜六色为特点。其中，成就最高者为江南园林。故这里所讲园林式，乃以江南园林为主流，以皇家园林和广东商贾园林为支流。园林式的餐厅又可分为三种。

园林中的餐厅：有如颐和园"听鹂馆"，是园林的有机组成部分，常住客和游客在此进餐，均为上乘。又如扬州个园"宜雨轩"，四面都是玻璃窗，可供一边进餐，一边观景。

餐厅中的园林：有如杭州"天香楼"，餐厅中有假山石、亭台楼阁、悬泉飞瀑，使进餐者宛如置身于园林之中。

园林式的餐厅：有如扬州富春花园茶社之"园中园"，园林即餐厅，餐厅即园林，圆门飞檐、修竹漏窗、假山回廊。如扬州"冶春园"，长廊临水，花影缤纷。园林与餐厅浑然一体，尤为别致幽雅（图 8-2）。

（3）民族式。宫殿式和园林式其实也是民族式，但它们是民族建筑艺术中的特殊形式，最典型的民族式应是民间式。中国是一个多民族的国家，56 个民族各有其特色。各民族丰富多彩的美的形式，在现代旅游业中有着极其重要的地位。以民族民居的建筑形象为蓝本，利用地方材料，结合环境规划，依山就势，素雅质朴，具有浓厚的中国民族乡间情趣，以此吸引旅游者。中国西南部的"傣乡风味餐厅"，为傣族竹楼形式，主要通过竹和水来做文章，具有浓厚的边寨自然风趣，服务员亦穿民族服装，使进餐者仿佛置身于西双版纳傣族村寨之中。

图 8-2　园林式

（4）现代式（或称西洋式）。这是近现代从西方传入中国的形式，以几何形体和直线条为倾向性特征，多高楼大厦，给人以干净、利落、挺拔之感，如北京饭店、金陵饭店、上海国际饭店等。这类餐厅比较符合现代人的审美心理（图8-3）。

图 8-3　现代式

（5）综合式。严格地讲，在我国纯粹的宫殿式、园林式、民族式和西洋式餐厅建筑是很少的，任何一种餐厅建筑或多或少、自觉或不自觉地融进了其他形式。尤其是西洋式餐厅，融进中国民族风格之处更多，但仍然是一望便知，非中国传统形式。这里的综合式，特指那些综合性十分明显的餐厅。它可以是两种或两种以上形式的综合，形成一种新的形式，其好处是可以综合各家之长，别开生面。如北京香山饭店，室内利用中国园林的自然风光环绕四周，与自然景观融为一体。建筑景观远望爽心悦目，近观雅趣天成，在此进餐令人心旷神怡（图8-4）。

图8-4　综合式

（6）游动式。这是指飞机、火车、轮船上的餐厅。这类餐厅专为旅游者和旅行者服务，应有利于旅行者消除疲劳，产生宾至如归的心理效果。因旅客来自四面八方，年龄、职业、民族、文化素养等各不相同，应在餐厅设计方面讲究适中，考虑雅俗共赏。中国古代江南一带船宴十分发达，汉代苏州、清代扬州，盛行"画舫"载"船点"，泛舟水上，一边进餐，一边欣赏湖光山色。"画舫"精致玲珑，别具一番风情，至今仍存遗风。我国现代游船最发达的当数无锡太湖，其餐厅设计典雅堂皇，颇能给人留下难忘的印象。武汉市专供游三峡的"三峡"号游船，与山峡奇突的风光相协调，又有专供画家写生的画案和文房四宝，外宾可在乘船时一边品尝船菜，一边观赏山水，一边观看画家作画，还可以当场买画，是游动式餐厅的典型风格。

2. 中国式的装饰布置的内容特点

（1）木结构的梁架和隔断。现代饭店建筑室内为体现这一特点，往往以木或仿木来装点室内，如隔扇、木椽、博古架、花窗隔断等作为室内装修内容。

（2）饭店内部环境受到中国宫殿、民居和江南私家园林建筑的多重影响。但新型饭店更多的还是受民居和园林建筑的影响，如室内的"景洞""景窗"

就是从园林建筑中引伸出来的。所谓"景洞"形状有六角形、八角形和圆形几种，有的配以门窗，有的加以帷幕，也有的不加任何间隔物。饭店的一些风味餐厅的门面、套间的分隔就有这类景洞。所谓"景窗"形状有扇形、梅花形、菱形、葫芦形等多种，许多"景窗"上面有镂空窗楔。北京香山饭店的"溢香厅"向四方延伸到各层客房的单面连廊，就是这类景窗。

（3）典型的中国传统家具和灯具。中国式布置主要采用明清风格的家具，其中古玩架、琴桌和屏风为中国所独有。中国传统的宫灯主要作吊灯，共深色木结构的外框与明清家具遥相呼应。

（4）强烈民族色彩的艺术品。中国书画、民间雕刻、陶瓷、古玩、盆景在世界上都是独树一帜的，布置在室内具有明显的中国特点。

（5）独特的布置格局。中国式的室内布局以"求稳"为基本点，"稳"的体现便是对称。尤其是客厅、宴会厅或其他正规场合，从内装修到家具、灯具、墙面书画和观赏品陈列，都强调对称。当然传统的中国式布置也有自由布局的，如中国文人的书房，以及南方园林建筑的室内，受道家自然观的影响，标榜清高，追求诗情画意和喜爱清、奇、古、雅。在家具的摆法、书画的布置和观赏品的陈列方面都显得灵活和耐人寻味。现代饭店的中国式餐厅，由于建筑等各种因素，室内布局也常常采用自由形式。

中国是一个多民族的国家，装饰布置的风格不能简单笼统地归为一种样式。既便同是汉族，北方和南方也有很大差别。如北方住宅和家具的粗犷与布置的宽松，南方住宅和家具的纤巧与布置的紧凑等。至于各少数民族的装饰布置样式就更多了。新疆维吾尔族的织毯，云南、贵州少数民族的蜡染、竹编等在室内都会形成浓郁的地方色彩。

（二）日本式

日本是一个岛国，日本人对自然美有着深深的眷恋，传统的书法、绘画、诗、插花和茶道等艺术都体现着幽、立、清、寂的特点。生活中进屋脱鞋、席地而坐有着悠久历史，其室内采用木框糊纸的扯门、窗扇与榻榻米已形成独特的风格。在我国一些大饭店有日本式客房和餐厅，也称和式客房、和式餐厅。

榻榻米是用稻草编织的，包边材料有绢、麻织品和木棉。作为餐厅使用，它给人以朴素、整齐和宽敞的自由感。日本室内还有一个称为"床之间"的书院造。传统的书院造是地板铺得较高的房间，目的是帮助人们开阔视野。在那里悬挂绘好的神佛姿容的书画，在神佛前点灯火和摆供品。后来描绘神佛的书画，由装饰用书画和雕刻等代替。

传统的日本建筑是木结构的，体现在室内装修和其他物品上也都有这一特点，如顶灯，一般就是木结构的圆形、四方、六角和八角形状，在上面糊以淡色的纸绢等半透明材料或配以磨砂玻璃。悬灯大都为竹编纸糊，有点像我国的灯笼，但颜色以白、黄为多，形状略长。作为门面广告的悬灯，灯上有书法。作为餐桌上的悬灯，也有竹编淘箩等形状的灯罩。日本式的家具，其线条类似中国明代家具，呈木纹本色。

日本式的室内观赏品与中国很接近，如墙面书画也是卷轴和垂直而挂的镜片。不过画的技法上更具日本特点，浮士绘是对世界有较大影响的日本绘画。摆设中，青花瓷瓶、手工绘制的漆箱，以及香炉、烛台等都有明显的"和风"。插花在日本人的生活中占有重要地位，日本有专门的"花道"，因此，插花在日本室内可以说是必不可少的点缀。

随着时代的发展和现代建筑的限制，传统的日本式装饰布置也有改良的形式。如饭店中的餐厅用日本式的墙饰、灯具、扯门和扯窗，但其他用具是现代的。餐厅的环境气氛是日本式的，但桌椅则是具有日本风格的普通形式。即便在正宗的和式餐厅，要求客人席地而坐，也配备无腿的靠背椅（图8-5）。

图 8-5　日本式

（三）伊斯兰风格

伊斯兰风格流行于信奉伊斯兰教的地区。伊斯兰建筑装饰有两大特点：一是拱券和穹顶的多种花式，二是大面积的图案装饰。拱券的形式主要有双圆心尖、马蹄形、火焰形及花瓣形。室内则常用石膏作大面积浮雕，涂绘装饰，并以深蓝、浅蓝两色为主。中亚地区的国家及西亚的伊朗等高原地区因自然景色荒芜，人们喜欢浓烈的色彩，室内多用华丽的壁毯和地毯，爱好大面积色彩装饰。图案多以蔷薇、风信子、郁金香、菖蒲等植物作图案的题材，具有艳丽、舒展、悠闲的感觉（图8-6）。

图 8-6　伊斯兰风格

二、 西方古典与现代风格

所谓"西方古典风格"是指代表了传统西方文化和习俗的一种严谨的古典柱式、壁炉都是"正统"的风格，然而，这一风格也在变化。哥特式、文艺复兴式、巴洛克式、洛可可式等多种形式都属于西方古典风格的范畴。

西方古典风格在不同时期、不同国家有着不同的特点。一般我们所说的风格都是有所指的，如古典英国式、法国式、意大利式、西班牙式等。在具体做法上，有严格地将某国、某一时期的室内装饰和摆设集中于一体的，如"法国路易十五风格"；也有将某一国家具有代表性的不同时期的物品摆在一起，统称"某国风格"的。正因为如此，同样是两个"法国式'或"英国式"，其式样会有很大区别。本节介绍的几国风格，只取其典型的部分。

（一）英国式

古典英国式在不同时期有不同特点，这里仅作有别于西方其他国家的特点介绍。英国式室内爱用深色护墙板，家具以典雅、端庄、简明的直线为造型的

183

基调，有都铎式、威廉—玛丽式，其是乔治时期属于新古典式的各种家具普遍用于室内。壁灯、台灯造型也都体现了类似家具的特点，与室内墙面、壁炉的装饰彼此很融洽。在观赏品方面，墙上爱挂油画肖像、风景、海景等，也有挂水彩风景画的，传统的英国水彩画在世界占有重要的地位。在室内摆件方面，主要有金银器、玻璃器和瓷器。此外，古代的英国人还有在室内挂兽头、鹿角、剑戟盔甲的习惯，以显扬祖先的好勇尚武（图8-7）。

图8-7　英国式

（二）法国式

法国式具有代表性的是路易十四、路易十五和路易十六时期的风格，其中最突出的是路易十五时期的"洛可可式"。其特征是具有纤细、轻巧、华丽和烦琐的装饰性，喜用C形、S形或旋涡形的曲线和轻淡柔和的色彩，装饰题材有自然主义倾向。法国式的室内喜爱闪烁的光泽，壁炉用磨光的大理石，大多使用金漆。墙上则嵌镜子和张绸缎的幔帐，顶上挂晶体玻璃的吊灯，大镜子前常安装有烛台。在陈设方面，以曲线为主的家具上常镶有螺钿。摆件有瓷器和漆器，墙饰主要有油画。仿法国式的布置可以选择一些对世界影响颇大的法国19世纪的绘画，包括印象派等。

现在国内不少饭店的法国餐厅，采用的就是路易十五的风格，奶白色的低护墙板和洛可可家具，均刻以简单的线条，壁炉上摆着烛台，整个室内舒适、雅致（图8-8）。

图 8-8　法国式

（三）意大利式

意大利式比较典型的是文艺复兴风格和巴洛克风格。巴洛克风格在 18 世纪主要体现在教堂内，当时的教堂建筑，大量装饰着壁画和雕刻，到处是大理石、铜和黄金，洋溢着"富贵"之气。现在仿意大利式突出体现在大理石的装修和室内雕刻上。室内家具也颇具特点，仿文艺复兴式一般外观厚重、庄严、线条粗犷，诸多外形呈直线，脚形是正方锥形，并常以大理石镶嵌装饰家具和作桌面使用。墙饰有雕刻、文艺复兴绘画和民间装饰画等（图 8-9）。

图 8-9　意大利式

国内饭店的意大利式餐厅，室内多处采用古典柱式，在一个完全用大理石制作的长桌边，摆着以直线为主的坐椅。墙上挂饰是工艺性的织物图案。

（四）西班牙式

西班牙式装饰布置的基本特点是：沉着中见奔放热情，浑朴中见细密的构思。在15～16世纪的世俗建筑中，阿拉伯地区的伊斯兰建筑装饰手法先后同哥特式和意大利文艺复兴的柱式细部相结台，形成西班牙独特的建筑装饰风格，名为"银匠式"。在室内装饰中，轻质的墙，抹白灰，露出木结构，都是常见的特征。在家具上通常由几何形状作为设计的主题，并借用意大利城堡和古老建筑上的形式，门和抽屉面板的造型具有老教堂建筑中的特点，浮雕精细。除了使用木料，家具上辅有很多金属配件、皮革印花及精美的镶嵌。室内各种灯具也以金属作装饰，吊灯或壁灯常采用油灯形式（图8-10）。

国内饭店的西班牙式餐厅，室内多处用砖砌，并配以古朴的木结构。窗帘帘杆采用外露形式，以突出金属杆的装饰效果，窗帘用厚厚的帘料做成的简洁大方的款式，更显示出古老的特点。墙上的挂饰是由四块瓷砖拼成的瓷画，配以"井"字形的深色木框。

图8-10　西班牙式

（五）西方现代风格

1. 新艺术运动风格

新艺术风格开始于19世纪80年代的比利时，其装饰主题是模仿自然界生长繁盛的草木形状和曲线，如墙面、家具、栏杆及窗棂等装饰均是如此。由于铁便于制作各种曲线，因此室内装饰中大量应用铁钩件。

2. 现代主义风格

现代主义产生于20世纪20～30年代，其特征是利用现代工业和科技发展的成果，使建筑和室内陈设尽可能符合人的活动需要，造型简洁、呈流线型和几何型；色彩舒适，强调功能作用和心理效果。

法国勒·柯布西耶设计的室内给人以深邃、神秘的意境和气氛。德国密斯·凡德罗主张"灵活多用，四望无阻"，提出"少就是多"，造型上力求简洁的"水晶盒"式样。美国赖特提出"有机建筑"的新观念，室内环境不仅满足现代生活，而且强调艺术性。现代餐饮尤其是中等层次饭店室内常采用现代风格布置。

3. 后现代主义风格

后现代主义建筑和室内设计趋向繁多、复杂。主要方法有两种：一种是用传统建筑元素通过新的手法加以组合；另一种是将传统建筑元素与新建筑元素结合，多用夸张、变形、断裂、折射、叠加、二元并列等手法。后现代主义的装饰主义派在环境艺术上的表现更具刺激性，让人有舞台美术的感觉。这种设计在饭店的特色餐厅有所应用。奥地利的汉斯·霍莱因则强调物件的场所意义和物件之间的空间变化关系，用历史文化的背景创造新的建筑室内形象，用隐喻等创造耐人寻味的环境意境。有些饭店的餐厅采用这一设计。高技派则在建筑和室内设计中坚持采用新技术，在餐饮美学上也极力表现新技术，国内表现比较多的是餐馆门面的设计，一些餐厅内也采用这一类设计。

三、乡村风格

乡村风格，也叫农舍式，其最大特点是以天然材料装饰室内。装饰布置的主要内容，简朴而充满乡土气息。世界各地由于自然、环境和文化习俗的不同，乡村风格表现的形式和内容也各具特色。

（一）中国乡村式

中国乡村式的形式很多，如江南建筑的花格门窗、黄河沿岸的窑洞、沿海地区的渔村、云南傣族的竹楼、内蒙古草原的蒙古包等。在饭店中这类形式虽不能完全照搬，但作为室内装修和内部陈设，却有着广阔的施展余地。老灶台、藤竹家具、蜡染、扎染、织毯、竹编、剪纸、皮影、泥塑、风筝等实用品和工艺品，以及农民、渔民、牧民的服饰鞋帽和作业工具等，都可以成为很好的装饰布置内容（图8-11）。

图 8-11　中国江南乡村式

　　乡村式的四川餐厅有一组布置，如"杜甫草堂"以竹草为主体，细竹作顶，檐下重茅纷披。东墙挂着成都"少陵草堂图"，四盏书有"杜""甫""草""堂"字样的竹灯辉映，诗圣晚年躬耕蜀地的铁锄竖立墙角下。"天然阁"以竹作为室内装修的主要材料，用竹搭成的屋檐悬挂着四川红辣椒、大蒜和泡菜陶坛等，别具匠心。云南石林宾馆一餐厅，充分利用当地竹、藤、木等自然材料作室内装修，加上采用藤竹家具、蜡染布座垫和大葫芦灯具，从而产生云南少数民族地区的乡土气息。

（二）国外乡村式

　　北欧斯堪的纳维亚半岛的乡村式是在室内运用当地丰富的松木、草藤、动物皮和粗棉织物，并与传统工艺相结合，尤其是通过木材的天然纹理、节疤，以至于加工时留下的创痕来表现自然趣味。美国格林兄弟和莱特创造的一种富有田园诗意的"草原式住宅"，室内尽量采用木、石等天然材料或砖瓦等人工生产材料。为了表现材料本色，不加油漆粉刷。东南亚热带地区，通常在丛林树下系绳网床或凉台，休息廊布置吊床、吊椅和摇椅，故在室内也摆设类似的藤编孔雀椅、蚌壳椅，而使室内充满热带风韵。此外，室内摆设各种兽头、鹿角或各地特有动物标本，也会产生"猎人之家"或"动物之家"之野趣。天然石壁、绳索、天棚、树根、森林壁纸等则可增加室内的大自然气息（图 8-12）。

图 8-12　国外乡村式

第四节　餐饮与视觉艺术

一、餐饮业 CI 设计

CI 是英文 Corporate Identity 的缩写，称为企业识别，是现代企业经营策略的有力工具，企业塑造新形象的系统工程，企业在市场竞争中的先锋。CI 是企业的"脸"和"身份证"，其最终目的是让企业牢牢地在消费者中树立完美的形象，以扩大销售。

CI 包含 MI、BI 和 VI，即理念系统、行为系统和视觉识别系统，理念是基础，行为是主导，视觉是桥梁，三者互为因果，不可偏废。与餐饮视觉有关的主要是 VI 视觉识别。其中包括企业标志、名称、商标、标准字、标准色、事务用品、传播媒介、交通工具、制服等，标志和基色是最主要的内容。在塑造餐饮的形象上，饭店的 CI 设计和广告宣传具有直接的意义。

（一）餐饮 VI 设计

心理学报告显示：人所感觉接收到的外界信息中，80%来自眼睛，剩下的来自听觉、嗅觉、触觉、味觉。眼睛看得见的物体能够直接地进入脑海之中，视觉的特殊性给我们一个启示：在影响印象的众多因素中，视觉因素，即形象外观应受到特别的重视。企业识别系统中的视觉识别，就是从企业的外观着手，对企业形象中的视觉因素进行全面统一的设计。

VI 是指餐饮企业视觉识别的一切事物，是静态的识别符号，是 CI 最外露、最直观的表现，也是 CI 中分列项目最多、层面最广、效果最直接的向社会传递信息的部分。其作用在于通过组织化、系统化的视觉方案，体现企业的经营理念和精神文化，以形成独特的企业形象。同时，由于视觉系统本身的美学价值给人的愉悦感觉，又可艺术地提升企业形象。例如，麦当劳公司选"McDonald's"的"M"为企业标志，设计为金黄色双拱门，象征着欢乐和美味；象征着麦当劳像磁石一样把顾客吸进这座欢乐友好之门，再加上一个滑稽可爱的吉祥物——麦当劳叔叔，使人们无论走到哪里，见此标志就知道附近有麦当劳餐厅。

视觉识别设计的原则有以下几点。

（1）以 MI 为核心的原则。VI 设计不同于一般的美术设计，VI 视觉要素是综合反映企业整体特色的重要载体，是企业形象外在的符号化的表现形式。从本质上讲，它属于一种企业行为，必须能使人感受到企业精神的个性与内涵，传达企业的经营理念。因此，不能从纯美学的角度设计制作，以观赏价值代替实用价值。

（2）美学原则。由于 VI 的识别是通过视觉传达完成的，从一定意义上讲是公众识别的过程，同时也是一个审美的过程。VI 的设计固然不能以观赏价值代替实用价值，但也不能只求"实用"，而忽视了"美"。VI 若缺乏"美"的艺术表现力，则不能唤起接收者的美感冲动，识别认知的作用也就显得微乎其微。因此，设计 VI 时要遵循美学原则。讲究统一与变化、对称与均衡、节奏与韵律、调和与对比、比例与尺度、色彩的联想与抽象的情感等，通过独创性的符号立意来表现个性。

（3）动情原则。唐代诗人白居易说："感人之心，莫先乎情。"视觉识别系统作为一种静态的抽象符号，必须切合公众的心理需要，使其在不知不觉的感情体验中接受传达的信息，引起情感共鸣，从而产生强烈的视觉震撼。

（4）习惯原则。这里的"习惯"是指人们对符号、图形、色彩所载信息的一贯感觉和认识。比如，人们多用飞翔物或流畅带有方向性的线条作为航空公司的企业标志。日本航空公司的鹤形图案、捷克国内航空公司的鸟状图形、赞比亚航空公司的鹰形图案，都形象地表现了企业的行业特色与服务宗旨。

在不同的文化区域，有不同的符号、图案、色彩禁忌。如孔雀在许多国家被认为是吉祥鸟，而法国视其为祸鸟，出口到法国的商品绝不能用这个商标。再如，法国人偏爱蓝色，最讨厌墨绿色，而埃及正好相反，喜欢绿色，忌用蓝色。

因此在视觉设计中，必须熟悉各地的历史文化、民族特点和风俗习惯，在此基础上进行慎重考虑。

（5）法律原则。由于企业的视觉符号多用于宣传之中，在进行 VI 设计时，还应该注意有关法律的因素，不能使用法律上禁止或限制使用的符号、图案，也不能抄袭或借用其他组织的视觉系统。同时，对自己的 VI 设计也应及时地申请注册，以保护自己的智力成果。

除此之外，在 VI 设计时，还必须遵循民族个性设计原则，以及化繁为简、化具体为抽象、化静为动的设计原则。

（二）饭店的名称设计

名称设计是指对企业名称、商品名称和品牌名称的设计。随着世界潮流的影响，CI 战略的统一性要求，这三者的名称应保持统一。

（1）名称的作用。俗话说："人的名，树的影。"《论语》中也说："名正言顺。"对于一个企业而言，名称不仅是一个简单的文字符号，它是企业整体的化身，是企业理念的缩影和体现。对消费者有着较大的号召力和亲近感，能缩短企业与消费者之间的距离，同时在树立名牌、扩大影响、广告宣传方面发挥着神奇的作用，有人甚至声称"好名字能给企业带来好运气。"

（2）命名的方法。"称砣虽小压千斤"。既然企业名有如此重要的作用，那么怎样才能取个好名字呢？通常可以从以下几点来考虑：名称要做到"四好"，即好认、好读、好记、好看。也就是说，名称要使人一眼便认知；读起来朗朗上口，富有冲击力；便于记忆；字形色调给人一种视觉上的美感。一般来讲，名称越优雅、越好看、越能占据消费者的心。因此，一个好的名称应该是"音""意""形"的完美统一。比如"可口可乐""雪碧""芬达"这些名称读起来音韵好听，文字图形设计美观，牌名、文字、图形都抓住了饮料的性质特点，因此深受欢迎。

（三）饭店的标志设计

1. 标志设计

在 VI 的众多要素中，标志是应用最为广泛、出现频率最高的视觉语言，普遍应用于店面招牌、广告物、包装纸、制服等之上。它图文并茂、形象鲜明，是突出企业个性、说明企业性质的有效传递工具。

在 CI 设计开发中，以标志、标准字、标准色的创造最艰巨，是整个 CI 识别系统的核心，也最能表现设计能力。标志、标准字、标准色三要素，构成了企业的第一特征和基本气质，其他视觉设计皆据此繁衍而成。

（1）标志的类型。按表现形式可分为文字标志、图形标志。文字标志是以文字组成的标志。比如"全聚德""喜临门""福满楼"等。汉字的方块字形本身有其独特的美感，因此，我国的文字标志运用较为广泛。图形标志是用图形构成的标志，飞禽走兽、花草虫鱼、天象地理等都是构成图形标志的题材。

（2）标志的设计要求。一个好的标志，应该能与企业或产品相映生辉、相得益彰，并且能在艺术上和市场上经得起考验。好的标志必须做到构图简洁、清晰，易辨认，易记忆，具有独创性，设计标志的目的是要使这一事物区别于其他事物，易于传播使用。由于标志的应用范围极为广泛，具有很高的传播频率，必须按国际标准色谱选定标志色彩。图 8-13 为一组饭店标志。

图 8-13　饭店标志

2. 标准字

在 VI 设计中，标准字包括中文、英文或其他文种。标准字的运用和图形标志符号一样广泛，具有同样的重要作用。而且，由于文字本身的说明性，能够清晰、明确地传达名称、内容以及补充说明图形标志的内涵，因而具有更强的传递作用。标准字设计是 VI 基本要素中仅次于标志的设计工作项目。饭店名称的字体也应该是稳定的，有的饭店采用标准印刷体，如仿宋体、黑体、圆头体、楷书、隶书等，也有的请名人书写，这些字体一旦确定，在饭店的印刷品和广告制作上不应有第二种字体，有些饭店在申请工商注册时字体连同标志一同注册，可见字体使用的规范化程度。

3. 标准色

标准色的作用。标准色是指企业选用某一特定的颜色或某一组色彩系统，作为所有视觉媒体的统一色彩，以此表现企业理念和产品特质。色彩具有很强的视觉刺激，在许多场合中，色彩比标准造型更快进入人的视野，造成强烈的视觉冲击力，加深人们的印象。意大利设计名师 Clino Castelli 曾预言："造型的时代将过去，今后即将是色彩主导的时代。"

色彩是决定企业标志是否受人欢迎的一个重要因素。许多成功企业的标准色在宣传形象方面起到了很重要的作用，如可口可乐的红色，洋溢着青春健康的欢乐气息；麦当劳的黄色，充分表现了色彩饱满、璀璨辉煌的产品特质。选择标准色要注意与竞争者的区别。

标准色作为企业标志、字体、商标、广告、车辆以及信笺、名片等视觉识别要素的固定色彩记号，可以选择单一的色彩，也可以进行色彩组合，但组合中的色彩不宜超过三种。

（三）饭店的印刷品

饭店的基本色决定了饭店在一切宣传品中的基本色。饭店的信纸、信笺、名片、员工识别证、马甲袋、包装纸、点心盒、菜单、席卡和室内各种告示牌，在设计制作和印刷中都应形成系列，以保持相同的风格。只有特色餐厅、宴会厅、酒吧、咖啡室等可以在保持与饭店整体基调呼应的前提下，强调个体特征。

二、餐饮企业造型设计

餐饮企业造型，也就是人们日常所说的"企业吉祥物"。其英文是Corporate Character。Character是"人物的性格、事物的特点，或者小说、戏剧中特定的造型与角色"。

所谓企业造型，是指饭店形象设计中选择、提炼某一人物、动物或植物的个性特点或某一性质，以夸张的手法创造出具有人的性格的（应十分拙趣的）新形象。以这一具体可见的形象直接表现出企业属性、经营理念和产品特征。图8-14为一组饭店吉祥物。

图 8-14　饭店吉祥物

餐饮企业造型比标志符号具有更强的信息传递能力。因为企业的标志符号多半是抽象的文字或图案，在传达企业理念时比较刻板，而生动活泼的图案造型则以具体的形象更直观地引发和补充观赏者的想象。而且吉祥物所具有的人情味无形中有助于企业和消费者之间的沟通，使餐饮企业在顾客心中具有亲切感和随和感。因此，吉祥物为企业界广泛地采用。如人物造型为吉祥物的有麦当劳滑稽可笑的"麦当劳叔叔"，康师傅方便面憨态可掬的"康师傅"。美国迪斯尼公司的"米老鼠与唐老鸭"，更是企业界以动物为造型对象的典范。

同标准色设计一样，企业造型设计也要考虑到各民族的风俗习惯、风土人情、宗教信仰和好恶表现等。

三、饭店员工服饰

服装是最能表现自我的身外物，企业服装是企业的一种标志和象征，它不仅能体现出穿着者的精神气质，也能折射出所在企业的精神内涵。企业员工服装一般分为统一服装和岗位工装。设计时，必须从企业特性出发，考虑服装的款式、材料和色彩，使之能和 CI 设计的企业整体形象融为一体。当前企业服装设计的一大趋势是实用性和时装性的结合。

饭店员工的服饰，除了与其岗位和职务相一致外，与饭店整个的形象格调也必须相符。一个饭店的员工服饰在整体上应保持同一格调，同时各特色餐饮部分的员工服饰还应反映其所处厅室的环境特点。如中餐厅为强调中国特色，女服务员穿旗袍；日本餐厅为强调日本风格，女服务员穿日本的和服。咖啡室、酒吧则应体现咖啡室、酒吧的环境特点。

服饰的色彩与室内环境的色彩密切相关，两者的关系一为"呼应"，即服饰的色彩正是厅室环境色的概括；二为"对比"，即服饰色彩与厅室环境色相反，如红与绿、黄与紫、蓝与橙等。

员工服饰的穿着，应有严格的规范，在饭店内工作，饭店如同舞台，员工就像演员，服饰应是环境的点缀和补充，构成饭店整体形象不可少的一部分。

四、媒体传播

媒体传播指运用广播、电视、报刊、杂志等新闻媒介进行广告宣传。在设计广告时，要使广告语言、画面、声音都能统一地体现 CI 所设计的企业形象。

在电视广告、广播广告中，声音是一个很重要的识别因素，与文字、色彩、标志等视觉因素相比，它更具有鼓动性、感染性，更能避免雷同，便于记忆。声音以动态的触觉，灵活的表现力，主动深入多维的记忆空间，不断告诉社会大众"我是谁""在哪里""干什么"，具有很高的识别度。

由此可见，餐饮业因策划 VI 设计的不同，会给顾客完全不同的感受。尤其是现代社会中，凭借形象（色彩、形状、结构）来了解事物的人越来越多。所以，关于餐饮形象和餐饮特性的问题，会越来越受到重视。成功的餐饮视觉形象设计，在市场营销中起着不可估量的促销作用。反之，餐饮形象策划失误，其经营就岌岌可危了。

思考与练习

1. 决定餐饮风格的主要因素是什么？

2. 传统东方风格的餐饮环境特征是什么？

3. 简述中国风格餐厅艺术形式的美学特点。

4. 简述日本风格餐厅艺术形式的美学特点。

5. 印度风格、伊斯兰风格的餐饮空间装饰布置风格与特色是什么？

6. 法国路易十五时期的风格和特色是什么？

7. 西班牙式装饰布置的"奔放热情，浑朴中见细密的构思"是如何体现的？

8. 简述乡村风格的装饰布置的内容与特点。

9. 风格是如何形成的？它对创造餐饮特色内环境有何意义？

10. 什么是餐饮 CI 设计？联系餐饮的实际，从视觉角度看主要表现在哪些方面？

11. 论述餐饮与视觉艺术的审美关系。

第九章

烹饪造型艺术与赏析

本章内容： 冷菜造型图说

热菜造型图说

果蔬雕刻图说

教学时间： 4 课时

教学目的： 通过烹饪造型艺术与赏析，提高学生造型设计能力和造型制作能力。

教学要求： 1.掌握烹饪工艺造型艺术规律。

2.懂得色彩规律，充分利用和发挥烹饪原料的色泽特性。

3.能够掌握构思、构图方法。

4.能够进行烹饪造型作品的布置与陈设。

5.具有大型食品展台设计能力。

课前准备： 设计一套烹饪工艺造型方案。

第一节 冷菜造型图说

1. 红梅花开

　　原料：鸡丝、火腿、盐味红胡萝卜、叉烧肉、广式香肠、卤猪舌、白色虾糕、糖醋黄瓜、紫菜蛋卷、拌菠菜心、糖醋红胡萝卜卷、葱油、佛手、蜇皮各适量。

　　此菜以梅花形态为造型基础，花叶重叠于花瓣之间。自然巧妙的组合，使盘面饱满华丽，对称统一。原料色泽鲜艳，层次分明。拼摆时注意处理好花心、花叶、花瓣的节奏变化关系。

2. 什锦彩拼

　　原料：肴肉、油鸡脯肉、烤鸭脯肉、鸡汁冬笋、五香牛肉、盐水鸭脯、肉白色虾糕、紫菜蛋卷、素鸡、菠菜心、水晶鸭舌、蜜汁番茄、糖醋黄瓜各适量。

　　此菜运用了图案造型对称规则，构图饱满整洁，色彩华丽清晰。拼摆层次分明，流畅自然，有强烈的装饰性。

3.志在四方

原料：火腿、蟹黄糕、卤猪舌、如意蛋卷、五香牛肉、皮蛋、卤猪耳、蜇皮卷、莴笋、荷兰芹各适量。

几何形拼盘的造型简洁、明快。此菜原料搭配合理，色调清晰和谐。拼摆时注意四角原料的转折关系，重叠排列的层次要分明。大方实用型的菜肴造型备受人们的喜爱。

4.八角花卉

原料：拌鸡丝、红肠、卤猪舌、鲍鱼、番茄柠檬、虾子鱼糕、海蜇丝、姜丝、香菜、樱桃、如意蛋卷各适量。

八角花卉一菜，采用对称布局手法。精湛的刀工技术处理使拼盘以统一而富有变化的造型构成八角花瓣形，形态优美大方，原料配置绚丽多彩。花叶、花瓣、花蕊层次分明。菜肴造型与餐具选择和谐悦目。

5. 星形冷盘

原料：鸡汁玉米笋、卤鸽蛋、炝青椒、蜜汁番茄、炝黄瓜各适量。

造型以玉米笋为主要原料，构成色彩明快的放射式七星形象，给人以对称而又灵动、统一而又变化的形式美感。六边形餐具与七星形象相得益彰。

6. 硕果累累

原料：拌鸡丝、烤鸭脯肉、黄色鱼糕、炝黄瓜、卤牛肉、盐水鸭脯肉、虎皮鹌鹑蛋、松花鹌鹑蛋各适量。

菜肴造型吸取了中国水墨画的表现手法，形象生动逼真，色彩浓郁透明，构图富于自然之趣。

7. 五彩花环

原料：芹菜、盐水鸭脯肉、卤牛肉、炝肚尖、咖喱鱼片、红曲卤鸭脯肉、菊花肫仁、酸辣黄瓜、黄色虾糕、油焖香菇、糖水红胡萝卜各适量。

造型采用对称构图方式，几何图案和具象花形相结合，拼摆层次清晰，起伏变化。原料色彩鲜明，造型清新典雅、妙趣横生。

8. 红梅迎春

原料：火腿、鸡汁冬笋、如意蛋卷、五香牛肉、黄瓜、樱桃、葱白段各适量。

造型的特点是将主花置于盘面的中心位置，主花的五片花瓣呈对称形式。拼摆时原料色泽的选择与搭配是展示花朵的立体感和层次感的关键。主花造型与五朵衬托的花型相呼应，整体效果和谐大方、布局变化而又统一。

9. 同心集庆

原料：翡翠银芽、酸黄瓜、火腿、卤油鸡脯肉、红樱桃、水果沙拉、红胡萝卜、香菜叶、糖水橘瓣各适量。

此造型以硕大的红花为中心，形成对称构图，形态自然大方。五朵小花的造型圆润饱满，线条清晰流畅，新颖明快，丰富充实。

10. 五星花拼

原料：叉烧肉、素火腿、火腿、蒸蛋黄、鲍鱼、黄瓜、番茄、皮蛋、烧鸡脯肉、炝莴笋、卤牛舌、广式香肠、胡萝卜、如意蛋卷、柠檬各适量。

五星花拼是几何图案构成的，造型简洁，层次分明。在制作时要求刀功娴熟精湛，拼摆时要注意五星构成的对应与围边的对称关系。

11. 什锦牡丹

原料: 鱼松、板鸭、白拆鸡、盐水莴笋、卤竹笋、盐水虾、银耳、紫萝卜各适量。

此菜造型采用了围拼对称式手法,形象鲜明,层次清晰,色彩艳丽。拼摆时注意每层花瓣之间的距离与原料色泽的选择。层次上的内密外疏和色彩上的内艳外淡是造型的特点。

12. 五星映梅

原料: 黄瓜、火腿、鲍鱼、蒸蛋黄、卤猪心、素火腿、卤猪舌、柠檬、番茄、卤口蘑、樱桃、凉拌鱿鱼花各适量。

此拼盘为几何图案造型,拼摆时应注意五星相互对称与重叠渐次的关系。鱿鱼制成花状,置入盘面中心,番茄切片相围。色泽对比鲜艳,和谐大方。

13. 岁寒三友

原料：拌鸡丝、五香牛肉、油焖春笋、烤鸭脯肉、糖醋黄瓜、油焖香菇、红樱桃、黄糕各适量。

松、竹、梅，具有不畏强暴、傲霜斗雪的坚贞品德和挺拔气节，故素有"岁寒三友"之美誉。此造型以月亮门形作边框，正中空白之处构造一组集松、竹、梅一体的盆景。造型风格体现了灵巧、典雅、高贵之美。

14. 双桃献寿

原料：盐水虾、蒜蓉黄瓜、白蛋糕、火腿、黄蛋糕、糖醋红胡萝卜、油焖笋、卤口条、卤鸭脯、盐味黄胡萝卜、叉烧肉、红樱桃、绿樱桃、蛋松、姜汁菠菜松、炝青椒、卤冬菇、葱椒鸡丝、山楂糕各适量。

造型采用了对称布局手法，桃、寿、蝙蝠组合构成一幅图文并茂的写意画面，桃形构成与原料拼贴相得益彰。

15. 梅花风姿

原料： 鸡丝、烤鸡脯、鱼糕、南京板鸭、火腿肠、炝莴笋、水晶肴肉、白切肉、蒸蛋黄糕、素火腿、生姜、鲜香菇、红樱桃、红椒各适量。

"梅以曲为美，直则无姿；以欹为美，正则无景；以疏为美，密则无态。"造型中要表现出梅花枝干的苍劲挺秀与梅花朵的生机盎然。盘面布局轻松自然，犹如一幅水墨赏梅图。

16. 金秋吉庆

原料： 姜汁鸡丝、盐味黄瓜、烤鸭脯肉、白汁冬笋、火腿、蛋白糕、五香猪舌、鸡汁茭白、叉烧肉、油鸡脯肉、香肠、蛋黄糕、黄瓜卷、红樱桃、绿樱桃各适量。

葡萄叶造型是此菜的主体，叶片自然，筋脉清晰，色彩浓淡相间，富有节奏。造型集花、果、叶为一体，形式简洁，金秋之季果实累累的喜庆气氛跃然而出。

17. 蟹菊图

原料：盐水大虾、如意蛋卷、墨鱼、葱油蜇皮、发菜、鸡脯肉、卤香菇、黄瓜、卤莴笋、柠檬、青椒、胡萝卜、蒜苗各适量。

此菜造型犹如一幅清澈透明的水彩画，布局合理，变化中见统一。生动的形象造型与丰富的原料色泽给人以美的享受。花朵构成要丰满，花瓣层次要分明。

18. 蕉林赏花

原料：拌鸡丝、黄色虾糕、火腿、油鸡脯肉、炝黄瓜、红樱桃、烤鸭肉脯各适量。

此菜造型构成为均衡式。美艳硕大的凤尾蕉花造型，楚楚动人，炫目耀眼。宽大的叶片形如凤尾，挟花而立，形如护花卫士。简洁大方的形象，呈现出一种让人心花怒放的美景。

19. 蛟龙观花

原料: 龙虾、猪舌、酸辣白菜、盐水鸦、葱段、炝黄瓜、炝莴笋、春笋、西蓝花、荷兰芹、蒸蛋黄糕、蒸蛋白糕各适量。

此拼盘以什锦拼摆为基础,龙虾头置于上端,在外形与点缀上进行夸张变化。拼摆时注意原料色彩之间的相互搭配,刀工精湛整洁。拼盘以鲜艳对比的色调和简洁新颖的拼摆手法,引人入胜。

20. 绿荫雏鸡

原料: 鱼松、鸡丝、叉烧肉、鸡脯肉、红皮烧鸭、青辣椒、猪心、黄瓜、糖水胡萝卜、蛋松、番茄、蒸蛋黄糕、香菜叶、莴笋、荷兰芹各适量。

造型时要注重叶片间的层次关系与雏鸡神态的表现。盘面布局均衡,拼盘中以叶、瓜为主,鸡为点缀。一静一动的形象构成了有趣的画面,让人感到愉悦。

21. 百花齐放

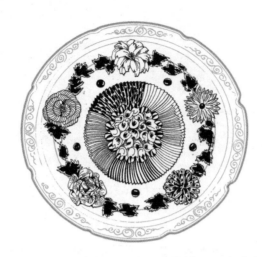

原料： 拌鸡丝、皮蛋糕、红曲卤鸭脯肉、炝莴笋、油鸡脯肉、香肠、盐水大虾、白澄粉团、黄澄粉团、糖醋红胡萝卜、姜丝、炝扬花萝卜、红樱桃、糖水橘瓣各适量。

造型构图灵巧别致，画面生动丰富，色彩鲜艳夺目，整个造型如花似玉，美不胜收，适用于各种宴席。

22. 玫瑰花篮

原料： 鸡丝、薰圆腿、五彩年糕、叉烧肉、蒸蛋黄糕、火腿、海蜇丝、五香牛肉、水晶肴肉、西蓝花、黄瓜、葱叶各适量。

花篮造型以精湛的刀工排列与对称布局手法构成，盘面大方整洁，原料色泽艳丽，鲜花与绿叶对比鲜明，给宴席增添了快乐和喜庆的氛围。

23. 吉庆花篮

原料：鳜鱼蛋卷、紫菜蛋卷、肴肉、炝莴笋、咸鸭蛋、拌银芽、蜜汁番茄、鸡汁冬笋、糖水橘瓣、冰糖银耳、盐味红胡萝卜、香菜叶、油焖香菇、黄蛋皮各适量。

造型采用平衡构图形式，花篮作倾斜式摆放，篮体部位的原料留空排列，使之有空灵之感，篮口部位各色拼置而成的鲜花，竞相盛开，争奇斗艳。

24. 迎宾花篮

原料：鱼松、盐水鸭脯肉、火腿、蛋白糕、咖啡色虾糕、蛋黄糕、虾子卤笋、糖醋红胡萝卜、紫菜蛋卷、红肠、红曲卤鸡脯肉、炝鱼片、佛手墨鱼、葱油海蜇头、炝西蓝花、蒜味黄瓜、生菜叶、香瓜、香菜叶、盐水虾各适量。

花篮口造型呈弧形翻转，显得新颖别致，花篮色泽艳丽，花朵丰润饱满，盘面左侧的牡丹花与篮内的鲜花遥相呼应，充满了喜悦之感，用以迎接贵宾，可尽显主人的热情。

25. 啄木鸟

原料： 红油鸡丝、五香牛角、虾子卤笋、黄色鱼糕、红肠、蛋白糕、红曲卤鸭脯、叉烧肉、盐水鸭脯肉、油焖茭白、炝黄瓜、盐味红胡萝卜、红豆、紫菜蛋卷、烧鸡脯肉、蒜酱海带各适量。

造型采用对称平衡构图的方法，苍劲古朴的树干与丰满可爱的啄木鸟形成了对比和谐的关系。构思新颖独特，造型生动有趣。

26. 指日高升

原料： 松花蛋、白卤鸡脯肉、盐水大虾、肴肉、蛋黄糕、烤鸭脯肉、炝莴笋、红泡椒、花椒、卤香菇、咸鸭蛋黄各适量。

仙鹤形态舒展大方，置于盘面中上部，构图均衡稳定。向着太阳展翅高飞的仙鹤形象，充满吉祥之意。画面虚实相映，动静相衬。

27. 白鹤整翅

原料： 卤猪舌、卤猪心、卤冬菇、卤口蘑、卤豆腐干、白油鸡、鲍鱼、素火腿、蒸蛋黄、蒸蛋白、蟹黄糕、蛋松、生菜丝、辣汁白菜、鹌鹑蛋、黄瓜、番茄、青豌豆、樱桃、香菜各适量。

此菜以白鹤梳翅的姿态为题材，造型典雅大方。拼摆时应注意白鹤颀长的颈部、丰满的羽毛以及头部的姿态。造型时要处理好白鹤颈部的长度和粗细的比例关系。

28. 鹤鸣松寿

原料： 鱼松、卤冬菇、蛋白糕、黄瓜卷、炝红椒、炝黄瓜、虾子卤笋、蛋黄糕、火腿、油鸡肉脯肉、红豆、绿色蛋松各适量。

一盘新颖独特的松鹤造型，夸张地表现了丹顶鹤展翅起舞，引颈欢鸣的优雅飘逸姿态。色彩处理不囿于白色造型的框框，以多色铺设，别具神韵。空间分布上，松枝、仙鹤、草地，各自独立，又互相映衬，构图舒展。

29. 亭亭净植

原料：芹黄拌鸭丝、蜜汁番茄、盐水鸭脯肉、酸辣莴笋、火腿、黄色鱼糕、白色虾糕、红肠、红卤猪舌、炝药芹、蒜泥海带、盐水红椒、红曲卤鸭脯肉、腊鸡腿、酸辣西蓝花、炝黄瓜、虾子口蘑各适量。

碧绿的莲叶在红荷的映照下，仿佛变得五光十色。白鹭起舞，引颈鸣唱，欣喜之态惟妙惟肖。

30. 锦鸡报春

原料：麻辣鸡丝、糖醋红胡萝卜、黄色鱼糕、炝青椒、火腿、蛋白糕、红曲卤鸭脯肉、卤蘑菇、红豆、糖水橘瓣各适量。

锦鸡构图平稳，造型五彩纷呈，翘首扬尾，成独立姿态于花草丛中，展现出一派自然景象。选用椭圆餐具，更能有效地拓展盘面空间。

31. 锦鸡风采

原料： 卤猪舌、卤猪耳、卤豆腐干、白油鸡、素火腿、火腿、蒸蛋黄、蒸蛋白、蛋皮卷、皮蛋、莲白卷、辣汁白菜、蛋松、黄瓜、番茄、胡萝卜、樱桃、青豌豆、西蓝花各适量。

锦鸡造型神采飞扬，姿态优美，三根华丽的尾羽如彩虹临空高挂，舒展柔畅。新颖别致的造型，让人心旷神怡。拼摆时注意锦鸡动态的平衡感。

32. 锦鸡赏果

原料： 盐味红椒、泡黄瓜、咸鸭蛋、火腿、白卤鸡脯肉、葱油蜇头、黄色蛋糕、火蓉紫菜蛋卷、花椒、香菜各适量。

锦鸡选用色泽艳丽的原料拼摆在盘面中央，给人以华丽之感。锦鸡的身躯部分使用蛋松，色泽相似，蓬松自然。造型时应突出锦鸡的动态感，充分展示尾部与身部的形态。

33. 锦鸡戏蝶

原料：鸡丝、酱牛肉、盐水虾、如意蛋卷、烤鸭脯、卤猪心、卤牛腱、草菇、蒸蛋黄糕、蒸蛋白糕、胡萝卜、黄瓜、烤鸭皮、茄子、香菜、柠檬、粉团各适量。

锦鸡置于盘面中心部，呈仰首立尾之势，羽毛丰满，层次分明，神采飞扬。蝴蝶轻轻起舞与锦鸡两相呼应，花草左右点缀。构图轻松自如，生动有趣。

34. 翠鸟秋娱

原料：什锦土豆泥、蒸蛋白糕、蒸蛋黄糕、牛肉、小红虾、火腿、鸡脯肉、糖水胡萝卜、泡红椒、番茄、洋葱、香菇、琼脂、黄瓜、西蓝花、香菜叶、豌豆、莴笋各适量。

一只翠鸟衔鱼飞掠荷塘水面，造型生动有趣。荷花点明秋意，翠鸟衔鱼飞跃突出娱乐主题。"鱼"音谐"娱"，增加了愉悦欢乐的气氛。构图生动有趣。拼摆时注意各形象的制作步骤以及相互间的层次关系。

35. 和平使者

原料：什锦土豆泥、盐水肫、火腿、卤鸭、蒸蛋白糕、卤猪舌、如意蛋卷、拌青椒、紫菜卷尖、胡萝卜、黄瓜、葱油海蜇丝、西蓝花、柠檬、香菜、椰蓉、紫萝卜、荷兰芹各适量。

白鸽拼摆层次分明，动态舒展，色泽高雅，平和大方。鲜花拼摆层层叠叠，丰富多彩。此拼盘以白鸽、橄榄枝为主题，喻意人们向往和平的美好愿望。

36. 喜迎红梅

原料：卤猪心、牛舌、卤冬菇、白油鸡、海蜇、素火腿、火腿、蒸蛋黄、蒸蛋白、蟹黄糕、蛋松、辣汁白菜、黄瓜、胡萝卜、要卜、番茄、鹌鹑蛋、青豌豆、樱桃、西蓝花、生菜丝各适量。

以喜鹊回首为形态，塑造了喜鹊展翅飞舞迎红梅的景象。在鸟类拼摆过程中，翅膀的拼摆为右翼采用向右旋转拼摆的方法，左翼采用向左旋转拼摆的方法，这通常也是鸟类拼盘中是最基本的拼摆技法之一。

37. 明察秋毫

原料：拌干丝、鸡汁茭白、酸辣红胡萝卜、五香鸽脯、黄色虾糕、红卤兔耳、油鸡脯肉、烧鸭脯肉、糖醋青椒、蒜酱西蓝花、卤香菇、蛋白糕各适量。

造型塑造了猫头鹰两眼突起，神态机敏的形象。整个构图以块面构成，简洁大方，色彩层次清晰分明、构图具有强烈的装饰趣味效果。

38. 花果鹦鹉

原料：盐水大虾、双黄咸鸭蛋、紫菜蛋卷、炝青椒、火腿、油鸡脯肉、蛋黄糕、蛋松、泡红椒、红豆、酱猪肚、红樱桃、香菜各适量。

鹦鹉布局于盘面右侧部，红果点缀左上部，盘面节奏有序。鹦鹉造型灵动飞扬，呼之欲出，衬以花木果实，颇具富丽欢快的韵致。

39. 黄鹂欢歌

原料: 盐水鸭脯肉、火腿、黄色蛋糕、糖醋黄瓜、紫菜蛋卷、白色蛋糕、发菜、花椒、麻酱海参、葱油蜇头各适量。

黄鹂的姿态与树干角度的处理是造型的关键。黄鹂立于树干之上,姿态优美、欢腾,引颈鸣唱。造型色泽为暖黄色调,间以红、绿、白、褐色,色彩艳丽,柔和雅致。

40. 平湖春色

原料: 鸡丝、火腿、蒸蛋白糕、鸡脯肉、蛋白、冻猪耳糕、卤猪心、蜜汁番茄、胡萝卜、青碗豆、拌金针菇、琼脂、香菜、青萝卜、菠萝末、黄瓜各适量。

造型新颖别致,利用水中倒影,构成一盘对映水鸟图,让人感受一种幽静的气氛。拼摆注意上下形态、原料一致。

41. 寿带牡丹

原料： 炝黄瓜、火腿、蒜蓉海带、盐水鸭、蛋黄糕、紫菜蛋卷、酱鸭脯肉、蛋白糕、红油鱼片、糖醋红胡萝卜、炝青椒、椒油肚丝、红油卤鸭脯肉各适量。

寿带长尾环抱牡丹花，神态雅逸，构图极为巧妙，平衡中富有变化，透出一股欢快而又平静的韵味。

42. 山雀闲情

原料： 红糟鸡丝、酱牛肉、盐水大虾、蛋白糕、咖啡色虾糕、肴肉、盐味红胡萝卜、油鸡脯肉、紫菜蛋卷、姜汁莴笋、泡红椒、红肠、蒜蓉西蓝花、炝青椒、香菜叶、红豆各适量。

山雀造型以红、黄色调为主，间以绿、白、褐色，色泽艳丽大方。山雀构图独特、姿态优美、欣喜闲情、惟妙惟肖，仿佛听到清脆悦耳的鸟鸣声。

43. 鸟语花香

原料：芹黄拌鸭丝、咖啡色鱼胶、多味黄瓜、叉烧肉、红曲卤鸭、黄色虾糕、蛋白糕、卤猪口条、西式火腿、糖醋红胡萝卜、油鸡脯肉、油焖笋尖、姜汁西蓝花、五香酱牛肉、猪耳糕、香菜叶、蜜汁番茄各适量。

盘面布局疏密得当，层层相叠的树叶隐喻着葱郁和茂盛，两鸟造型与花叶组合，构图自然大方。小鸟造型灵巧活跃，动静相置。

44. 荷塘情趣

原料：盐水莴笋、蒸蛋白糕、蒸蛋黄糕、熟火腿、红肠、鸭脯肉、卤墨鱼、熟鸡脯、五香牛肉、鲜黄瓜、糖水胡萝卜、番茄、青椒、卤香菇、拌鸡丝、金针菇、绿樱桃、葱叶、洋葱各适量。

造型采取了均衡的构图法则，荷叶与小鸟为造型主题，给人以清新、幽雅的美感。拼摆时要注意荷叶与小鸟的布局关系，达到动、静相结合的艺术效果。

45. 晨曲

原料：葱油海带、酸辣黄瓜、盐味红湖萝卜、泡红椒、蛋黄糕、烧鸡脯肉、紫菜蛋卷、火腿松花蛋、五香牛肉、盐水虾、蒜味西蓝花、银芽鸡丝各适量。

此菜造型犹如一幅清澈透明的水彩风景画，雄鸡足立山坡，高啼长鸣，仿佛告诉人们喜讯到来了，令人喜气洋洋。雄鸡造型夸张有力，布局合理。拼摆时注意雄鸡头部造型呈高仰之势。

46. 雄啼高鸣

原料：鸡丝、叉烧肉鸡、虾糕、蒸蛋白糕、蒸蛋黄糕、火腿、卤猪舌、番茄、核桃仁、卤香菇、黄瓜、心里美萝卜各适量。

金鸡造型夸张有力，羽翼丰满，五彩缤纷。金鸡形态构成昂首高啼，尾羽高翘之势，整个画面洋溢着浓郁的乡村气息。

47. 金鸡争雄

原料：拌鸡丝、熟火腿、蛋白糕、蛋黄糕、五香牛内、心里美萝卜、拌青椒、盐水笋、黄瓜、番茄、可可冻糕、琼脂、西式火腿、猪舌、卤鸭脯、山楂糕、荷兰芹、盐水虾、卤鸭肫各适量。

拼盘造型的关键是要充分表现出两只雄鸡相斗一刹那间的动态特征。一只腾空仰首展翅，一只跃起奋力相迎，拼摆时要处理好两鸡动态之间的平衡。餐具选用腰盘，充分展示盘面的空间效果。

48. 飞燕迎春

原料：糖醋黄瓜，盐味红胡萝卜、蛋白糕、松花蛋、发菜、珊瑚卷、火腿、炝鱼片、葱油海蜇、银芽鸡丝、蒜味西蓝花、香菜、盐水虾各适量。

造型中随风飘拂的柳叶、燕窝和几株绿草喻拟春天的来临。双燕、柳枝的组合显示迎春之意，尤其是燕子的神态更是十分可爱。双燕构图均衡，动态舒展，拼摆时注意双燕比例关系，燕尾可作夸张处理。

221

49. 双燕图

原料：蛋松、糖醋黄瓜、酸辣红胡萝卜、蛋白糕、卤口蘑、松花蛋、红肠、卤香菇、发菜、酱肉、蛋黄糕、蒜蓉海带、虾子冬笋、椒盐参须、炝西蓝花、香菜叶各适量。

拼摆时处理好双燕位置的前后关系和比例关系，盘面布局增强了盘面的透视效果。双燕造型清新秀丽，比翼双飞。

50. 东方雄鹰

原料：什锦土豆泥、琼脂、卤猪舌、蒸蛋白糕、叉烧肉、冬笋、卤香菇、泡红椒、紫萝卜、番茄、黄瓜、青碗豆、茄子皮各适量。

雄鹰成傲立之势，造型雄健饱满，色彩明朗而沉着，力求层次分明。山石映衬出雄鹰的听涛之势。雄鹰目光炯炯，直视东方，生动地刻画令人振奋。

51. 雄鹰觅食

原料: 五香牛肉、卤猪心、白油鸡、西冬菇、素火腿、火腿、蛋白糕、蒸蛋黄、蟹黄糕、蛋松、辣汁白菜、黄瓜、香肠、西蓝花、荷兰芹各适量。

此拼盘以锐利的鹰爪、大展的双翅和俯身觅食的神态为其重点,造型时要夸张双翼,充分展示雄鹰速度感。

52. 鹰展千仞

原料: 鸡丝、叉烧肉、五香牛肉、白斩鸡、鲍鱼、素鸡、卤肚、西蓝花各适量。

雄鹰搏击长空,雄飞万里。拼摆注意雄鹰的头颈、双足与翅羽动态夸张处理,原料成放射形排列,展现雄鹰的尾羽。

53. 雄鹰凌空

原料：卤鸡肫、黄色虾糕、卤猴头蘑、松花鹌鹑蛋、煮鹌鹑蛋、红豆、火腿、泡红椒、醉冬笋、油焖香菇、黄瓜卷各适量。

鹰的双翅右大左小构成远近感，盘面左空右紧和上空下紧的处理有虚实感。形象简洁，神态灵动，色彩明快，整个造型给人激昂之感。

54. 鹏程万里

原料：葱椒鸡丝、蒜油海带、烧鸡脯肉、拌黄瓜、红卤口条、盐水鸭脯、松花蛋、虾子卤香菇、蛋黄糕、红卤猪肝、烧鸭脯肉、五香牛肉、蒜蓉西蓝花、猪耳糕各适量。

雄鹰是冷盘造型中常用的题材，造型的独到之处在雄鹰双翅上，大胆地夸张突破了传统常见造型手法，更好地展现了雄鹰之态。远山、松树和日出又体现了盘面的开阔。

55.鹰击长空

原料：酱牛肉、卤猪肝、蒸蛋黄、盐水白肉、紫菜卷、发菜、卤香菇、烤鸭脯、鸡松、胡萝卜、番茄、鲍鱼、冬笋、鸡脯肉、西蓝花、荷兰芹、盐水大虾、如意蛋卷、香肠各适量。

塑造鹰的形象，应着重表现出强劲的力量感。制作中必须注意雄鹰双翅的伸展和双腿的稳健。在鹰的上部要留以适当的空间展现天空。

56.孔雀拼盘

原料：黄色蛋糕、泡红椒、花椒、醉鸡脯肉、腐乳叉烧肉、炝黄瓜、盐水鸭脯肉、红樱桃各适量。

这是由一组象形的漆器餐具盛装的菜肴造型。红黑相间的弧形大托盘，衬托出灿烂生辉的孔雀造型。餐具和菜的有机组合，造型的简洁夸张更增添了盘面的特色。

57. 孔雀争艳

原料：鱿鱼、蛋黄皮、五香牛肉、盐水虾、火腿、黄瓜、胡萝卜、柠檬、青绿萝卜、紫萝卜、核桃仁、西蓝花、葱段、红樱桃、香菜、荷兰芹各适量。

此拼盘造型独特，动态舒缓，构图新颖。金黄色的蛋皮与洁白的鱿鱼构成飘洒自如的尾屏，给人以耳目一新的感觉。拼盘的衬景丰富多彩，色彩对比鲜艳。

58. 鸳鸯戏荷

原料：琼脂、绿菜汁、拌药芹、松花蛋、五香牛肉、蛋黄糕、香肠、蛋白糕、拌莴笋、红泡椒、酿冬茹、红番茄各适量。

造型简朴大方，色彩谐和。鸳鸯造型是婚喜宴席借以传达甜蜜爱情的理想形象。造型采用了一正一侧的布局手法，构图新颖大方。

59. 鸳鸯戏水

原料： 松花蛋、炝鱿鱼、鸡脯肉、卤猪舌、蒸蛋黄、蒸蛋白、蜜汁胡萝卜、虾糕、虾蓉、卤冬菇、青菜、猴头蘑、黄瓜、番茄、莴笋、洋葱头、火腿、三鲜肚、葱叶、金瓜丝、青椒各适量。

鸳鸯造型采用圆形构图方式，增加了盘面的空间效果。在拼摆时要注意鸳鸯的比例、位置以及动态关系。盘面造型给人以动静结合、和谐悦目的美感。

60. *荷塘漫步*

原料： 葱烤鱼、盐水大虾、卤牛肉、蛋黄糕、姜汁莴笋、火腿、红曲卤鸭脯、红泡椒、卤冬姑、炝青椒、蒜蓉黄瓜、烤鸭脯肉、白色鱼糕、咖啡色虾糕、卤口蘑、盐水红胡萝卜各适量。

静谧的荷塘，荷叶随风摇曳，一对鸳鸯比肩同行，两首相对，给整个画面平添了无限情趣。此拼盘最大的特点是构思巧妙有趣，构图新颖变化。鸳鸯与荷叶相得益彰，适宜于婚喜宴席。

61. 凤戏牡丹

原料： 卤牛舌、卤豆腐干、卤冬菇、白油鸡、素火腿、鲍黄、凉拌猪腰、凉拌鱿鱼、海蜇、蟹黄糕、蒸蛋黄、蒸蛋白、蛋皮卷、蛋松、辣汁白菜、黄瓜、番茄、鹌鹑、樱桃、青豌豆各适量。

此拼盘以凤凰为主题，选用椭圆形盛器，使凤头和凤尾构成 S 形态，凤凰造型充分展示了优美动态。美丽的凤凰与一朵艳丽的牡丹花遥相呼应，显得高雅而高丽，给人吉祥如意之感。

62. 丹凤迎春

原料： 卤牛舌、卤猪舌、卤冬菇、卤豆腐干、白油鸡、鲜芦笋、鲜鲍鱼、海蜇头、火腿、蒸蛋黄糕、蛋皮卷、辣汁白菜、胡萝卜、黄瓜、番茄、萝卜、柠檬、蘑菇、鹌鹑、青豌豆、西蓝花各适量。

为了更好地体现凤凰造型的逼真和生动，拼摆时采用了立体塑造手法，特别是颈部要高高隆起（约 10 厘米），在造型时凤头的基础必须垫扎实。同时，要展示凤凰独具特色的长尾，给人以洒脱、艳丽之感。

63. 彩凤迎花

原料：鸡丝、什锦土豆泥、鸡脯肉、蒸蛋黄糕、火腿、皮蛋、鱼片、海蜇丝、卤香菇、扬花萝卜、柠檬、黄瓜、红桃、胡萝卜、红苹果、西蓝花、番茄各适量。

此拼盘以立体的造型手法，再现了彩凤高雅华贵和五彩斑斓的形象。彩凤结构对称大方，构图新颖别致，色彩对比丰富。拼摆时注意彩凤呈仰首翘尾之势。

64. 凤展翅尾

原料：卤牛舌、卤猪舌、卤猪耳、卤猪肚、火腿、鲍鱼、白油鸡、蒸蛋黄、蒸蛋白、卤冬菇、卤豆腐干、鲍鱼、蟹黄糕、辣汁白菜、猪腰、鱿鱼、胡萝卜、黄瓜、番茄、青椒、青豆、樱桃、荷兰芹各适量。

凤凰造型时要充分表现凤翅的舒展姿态和凤尾流畅之美。在制作这类动态较大的拼盘时，应先设计好草图，对各部分图形都要做到心中有数，力求整体统一、协调均衡。

65. 鸳鸯戏水

原料： 琼脂、绿菜叶、蛋黄糕、蛋白糕、紫菜蛋卷、红樱桃、炝青椒、盐水明虾、红肠、蚕豆蛋卷、蚕豆紫菜卷、如意蛋卷、番茄、烧鸡脯肉、卤口蘑、鸡汁发菜、卤香菇、炝蒜苗、黄瓜、醉鸡脯肉、叉烧肉、香菜叶各适量。

鸳鸯造型简洁而逼真，原料拼摆清晰，层次分明，布局合理大方。此菜采用多边花形餐具，更好的映衬着鸳鸯戏水的情景，充满喜悦的色彩。

66. 载歌载舞

原料： 五香牛舌、叉烧肉、冬菇、鲍鱼、烤鸭脯肉、白油鸡、素火腿、凉拌鱿花、蒸蛋白、蛋皮卷、蟹黄糕、什锦土豆泥、番茄、黄瓜、茄子、青萝卜、鹌鹑蛋、青豆、西蓝花、荷兰芹各适量。

拼盘制作时，要注意两只鸟的大小比例、平衡和谐关系。造型生动地再现出右部鸟的展翅欢快姿态和左部鸟攀枝高歌的风采。

67. 古祥鸟

原料： 盐水虾、松花蛋、蛋黄糕、蛋白糕、广式香肠、盐味莴笋、红樱桃、相思豆、油焖香菇各适量。

拼摆时把握好鸟的比例与结构关系，加强特征的表现，尤其头部冠羽的制作。造型富丽宁静，色彩热烈欢快。

68. 水鸟归乡

原料： 卤牛舌、卤冬菇、卤竹笋、白油鸡、五香墨鱼、海蜇、椒麻海螺、火腿、素火腿、蒸蛋白、蟹黄糕、蛋皮卷、皮蛋、辣汁白菜、莲白卷、黄瓜、番茄、西蓝花、青豌豆、鹌鹑蛋各适量。

造型表现出了水鸟闲游的意境，水鸟形态生动逼真、有立体感。拼摆时原料间隔紧密、错落有序。衬景的原料力求丰富，色泽和谐统一。

69.欢快鹦鹉

原料: 火腿、素火腿、如意蛋卷、红曲卤牛肉、鱿鱼、蒸蛋白、蒸蛋黄、胡萝卜、白油鸡脯、泡红椒、油焖香菇、鸽蛋、青豌豆、紫菜卷、肉松、西蓝花、荷兰芹、紫萝卜、番茄各适量。

布局的独特和造型的夸张是造型的关键,拼摆时选择色泽鲜艳的原料作鹦鹉羽翼。此拼盘着重表现鹦鹉攀枝的神态,平衡的树干与鹦鹉更增强了盘面的动态感,令人注目。

70.*舞姿翩翩*

原料: 火腿、蒸蛋黄糕、水晶肴肉、如意蛋卷、黄瓜、南瓜片、琼脂果冻各适量。

此菜造型采用了雕刻与拼摆相结合的工艺手法,构图饱满,形象逼真。生动的造型,高雅的色调,仿佛把宴席带到春光十色的季节,充满着朝气,洋溢着生机。拼摆时掌握好孔雀比例与动态关系。

71. 无微不至

原料： 葱汁鸡脯、蒸蛋黄糕、西式火腿、菜汁鱼糕、鲍鱼、五香牛肉、麻辣鸡丝、鹌鹑蛋、胡萝卜、猴头蘑、姜丝、黄瓜、葱叶、荷兰芹、黑豆、西蓝花各适量。

三只活泼可爱的小鸟争先恐后地张着嘴等待母亲觅食归来，造型生动地描绘出一幅充满母爱的情景。拼摆时注意鸟的飞行姿态成斜势布置盘中，小鸟塑造头部即可。

72. 海豹顶球

原料： 蛋松、卤猪舌、烤鹅脯肉、盐水大虾、发菜、炝青椒、油焖香菇、煮鸽蛋、红豆、蛋卷、红樱桃、琼脂、绿菜汁各适量。

造型鲜明生动，构图平稳大方。拼摆时注意海豹头部特征的刻画，处理好头部与球体间的组合。海豹造型憨拙之中透出一股灵气，令人倍感亲切可爱。

73. 飞龙升空

原料：醉鸡脯肉、酸辣黄瓜、黄色虾糕、腐乳叉烧肉、紫菜蛋卷、卤素鸡、火腿、油焖香菇、盐味红胡萝卜、烤鸭脯肉、白煮鸽蛋、红樱桃、蒜叶各适量。

造型高度夸张了龙的形象，龙身粗壮，色彩堂皇，具有一种雄伟壮丽和升腾不息的阳刚之美。

74. 五彩飞龙

原料：洋菜鸡丝、红曲卤牛肉、炝青椒、白色鱼糕、烤鸭脯肉、火腿、紫菜蛋卷、蛋黄糕、卤香菇、红樱桃、葱、蛋松、心里美萝卜各适量。

造型以夸张、变形为手法表现了龙头、凤尾的形象，生动有趣的造型和艺术的大胆处理，让人产生联想。删繁从简，羽、鳞结合，更显得生气勃勃。

75. 双龙戏珠

原料： 炝虎尾（鳝鱼尾）、蛋黄糕、紫菜蛋卷、蒜泥黄瓜、姜汁莴笋、鹌鹑变蛋、油焖香菇、蛋白糕、油炸粉丝各适量。

传说中的龙，可翔于天，可行于水。双龙腾空飞游，龙身拱曲似波浪，云海翻涌，龙头相对，同戏一珠。寓于庆丰收，祈吉祥。拼摆时注意双龙的动态处理和布局关系。

76. 九色神鹿

原料： 鸭丝、白斩鸡、蒸蛋白糕、蒸蛋黄糕、如意蛋卷、葱油海蜇、火腿、鱼糕、番茄、泡红椒、胡萝卜、素火腿、西蓝花、虾子莴笋各适量。

九色鹿造型选自敦煌壁画。此拼盘再现了神鹿优美、灵巧的身躯，同时寓意着神鹿善良的性格。构图采用仰视手法，更加突出了神鹿身躯的高大和流畅的形态线条。

77. 金狮戏球

原料：鸡松、火腿、烧鸡脯、盐水虾、如意蛋卷、卤猪舌、蒸蛋黄糕、蒸蛋白糕、黄瓜、胡萝卜、土豆、黄金瓜、姜丝、香菜、红樱桃各适量。

造型采用果雕与拼摆相结合的手法，金狮形象威武体阔，呈摇头摆尾之势。金瓜绣球玲珑剔透，彩带飞舞。拼摆时注意原料色泽的选用，加强金狮色彩的装饰效果。

78. 雄狮怒吼

原料：拌药芹、葱烤鸭脯、红曲卤鸭脯、白嫩油鸡脯、烧鸭脯、叉烧肉、红卤牛蛙腿、葱油金针菇、五香酱牛肉、蒜蓉西蓝花、卤香菇、蛋黄糕、酸辣黄瓜、椒盐土豆丝、原味海米各适量。

造型以兽中之王——雄狮为主题。雄狮独步于山崖之顶，昂首高吼，气势磅礴，力量刚劲，有催人奋发之感。拼摆时注意盘面的雄狮与山崖的平衡感。

79. 虎啸长空

原料： 鸡丝、烤鸭皮、鸡脯肉、酱牛肉、卤牛舌、卤冬菇、黄瓜、香肠、素火腿、如意蛋卷、萝卜、胡萝卜、红椒各适量。

虎形雄浑有力，呈吼啸长空之势。造型是以烤鸭皮作主料，拼摆虎皮纹图案。山岗起伏延绵与虎相应，显得刚强有力。原料拼摆层次分明，色泽浓厚稳健。

80. 金鱼戏莲

原料： 香肠、酸辣黄瓜、蛋松、盐水大虾、白卤鸡蛋、烫菜叶、盐味红胡萝卜、青豆、蜜汁番茄各适量。

造型的特点是鱼尾作夸张处理，整体造型平和自如，形象逼真，色彩对比和谐。盘面光洁，清新明快，尤如清澈见底的水面。

81. 力争上游

原料： 椒麻鸡丝、橘黄鱼糕、红曲卤鸭脯、蛋白糕、鹌鹑变蛋、叉烧肉、红色虾糕、油鸡脯、盐味红椒、蒜酱西蓝花、酸辣黄瓜、香菜叶、糖醋青椒各适量。

此菜形象生动、主题鲜明突出。红艳艳的大鲤鱼，体态弯曲如弓。浪花四溅，更增添了鲤鱼的动感，激励人们努力向上。鱼鳞拼摆层次分明，渐次有序。

82. 燕鱼闹海

原料： 拌豆芽、炝黄瓜、盐水大虾、黄色鱼糕、香肠、油鸡脯肉、酱鸭脯肉、鹌鹑蛋、葱管、拌鹿角菜、香菜各适量。

此菜造型色彩艳丽，色泽成对比排列。燕鱼形态饱满，神采灵动，长长的脊鳍如燕翅舒展，尾鳍如燕尾摇曳。"闹海"情景体现得淋漓尽致，宜用于欢快的宴席。

83. 海底世界

原料： 拌黄瓜、白蛋糕、泡红椒、蛋黄糕、山楂糕、葱烤鱼、火腿、卤鸭脯、烧鸡脯、红肠、素蟹肉、五香牛肉、蜜汁桃仁、红油牛肉丝、蒜味西蓝花、三鲜山药泥、葱各适量。

造型生动有趣，色彩对比和谐，布局合理大方。拼摆时要掌握好鱼与山石、水草之间的比例关系。

84. 金鱼戏水

原料： 琼脂、绿菜汁、椒麻鸡丝、红樱桃、糖水龙眼、糖醋红胡萝卜、姜汁莴笋、素蟹肉、盐水虾、酸辣黄瓜、白嫩卤鸡脯、火腿、油焖香菇、五香牛肉各适量。

金鱼造型首尾相接，构图为"喜相逢"样式。盘面颜色虽少，却不单调，数根绿色小草点缀，更显金鱼的玲珑之气。盘面四周采用装饰围边相连，整体明快大方。

85. 双蝶拼盘

原料：拌鸡丝、盐水大虾、紫菜蛋卷、火腿、卤冬笋、炝青椒、蛋黄糕、卤香菇、红樱桃、烧鸡脯肉、烫蒜叶、葱油蜇头各适量。

蝴蝶造型轻盈秀丽，对称相对，宜用于喜悦的宴席。拼摆时注意蝶翅色泽变化处理。

86. 群蝶闹春

原料：如意蛋卷、柴菜蛋卷、蚕豆蓉蛋卷、咖啡色鱼蓉蛋卷、蛋白糕、盐味红胡萝卜、烧鸡脯、盐水鸭脯、红樱桃、酸辣黄瓜、柠檬、火腿、红油鱼片、黄色鱼蓉紫菜卷、盐水虾、椒麻鸡丝、泡红椒、卤香菇、香菜叶各适量。

盘面构图对称大方，色泽艳丽。造型由形态各异的四只蝴蝶和鲜花构成。彩蝶从四方飞往鲜花，群蝶飞舞之态跃然盘中，让人感受到欢聚一堂的快乐。

87. 金龙遨游

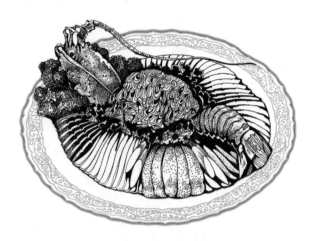

原料： 龙虾、卤猪舌、酸辣白菜、盐水鸭、葱段、炝黄瓜、炝莴笋、卤春笋、西蓝花、荷兰芹各适量。

拼盘造型采用鲜艳对比的色调和简洁新颖的拼摆手法，引人入胜。拼摆时先将原料围拼一圈，龙虾头尾置于两端，虾线拼摆正中连接龙虾头尾。造型尤如一条金龙在遨游。

88. 菊蟹彩拼

原料： 素蟹肉、酱牛肉、叉烧肉、肴肉、虾蓉蛋卷、盐水鸭脯、油焖香菇、炝青鱼丝、虾子茭白、蒜味西蓝花、生姜丝、银芽鸡丝、香菜叶各适量。

造型采用对称构图，蟹采用片状原料排叠而成，色彩鲜明，制作简便，形态完整。拼摆时注意蟹的体积效果。

89. 兰亭望月

原料： 红肠、盐味红胡萝卜、鳜鱼蛋卷、姜米莴笋、虾子茭白、红卤口条、咖啡色鱼胶、五香牛肉、烟熏猪肉、紫菜蛋卷、糖醋青椒、炝西蓝花、橘黄鱼糕、姜汁菠菜松、椒盐鸡丝、虾蓉紫菜卷、火腿各适量。

造型构图完整，景物造型疏密相间，假山、亭阁均衡相置，浑然如画。

90. 华山日出

原料： 怪味山鸡丝、冻红羊糕、蛋黄糕、五香牛肉、香糟嫩鸡脯、酸辣莴笋、糖醋红胡萝卜、椒麻竹笋、酱口条、肴肉、蒜味西蓝花、蛋白糕、红樱桃、油焖香菇、拌黄瓜、香菜叶各适量。

以华山日出的壮美景观为题材，山体造型采用了长方形片，以上下线条的形式拼摆而成，把华山磅礴的气势和悬崖绝壁之险的特点细腻而巧妙地展露出来。

91. 海南风光

原料：火腿肠、盐水虾、卤猪耳、卤猪肚、五香牛肉、海蛰头、黄瓜、西蓝花、胡萝卜、红（绿）樱桃、琼脂、银耳、什锦土豆泥、素火腿各适量。

拼盘以开阔的视野、交叉变化的椰树，令人心旷神怡。拼摆时要掌握好天空、海面、沙滩之间的相互关系。在景物的处理上，要运用透视中的近大远小的原理，增强盘面景物的空间效果。

92. 芭蕉园

原料：火腿、醉鸡脯肉、黄色虾糕、鸡汁玉米笋、烤鸭脯肉、炝黄瓜、红樱桃、蜜汁核桃仁、白卤鸽蛋各适量。

此图借芭蕉园中的春景创制而成。月亮门内翠绿的芭蕉和弯弯的小草，给人以春意融融和幽闲恬静的意韵。

93. 一帆风顺

原料： 琼脂、绿菜汁、紫菜蛋卷、红曲卤鸭脯、黄色虾蓉包菜卷、白嫩油鸡脯、盐味对虾仁、红肠、火腿肠、彩色蛋白糕、鳜鱼蛋卷、五香牛肉、油焖冬笋、咖啡色鱼糕、三鲜鱼糕、炝西芹、红樱桃、蜜汁银耳、姜汁西蓝花、松花蛋、三鲜土豆泥、拌黄瓜各适量。

此菜构思新颖，造型逼真，尤其是帆船船体采用半圆片形原料排叠的手法，用蜜汁银耳作水浪，使帆船成破浪前进之势。一帆风顺寓意吉祥，用于祝愿、欢送为主题的宴席。

94. 江南烟雨

原料： 琼脂、绿菜汁、糖醋红胡萝卜、咖啡色虾糕、火腿、三鲜鱼糕、蒜蓉黄瓜、叉烧肉、姜汁西蓝花、佛手罗皮、盐水鸭脯肉、红肠、奶油莴笋、紫菜蛋卷、盐味青椒各适量。

远处的塔形在绵绵的春雨中若隐若现，嫩枝绿叶的垂柳在春风中翩翩起舞，成群的燕子在空中自由飞翔。整个画面溢满了江南的春天气息。拼摆时将塔形置于透明的琼脂下作远景处理。

95.春光如画

原料：五香猪舌、酸辣黄瓜、酱牛肉、卤香菇、盐水鸭脯肉、冻猪耳糕、香肠、松花变蛋、烧鸡脯肉、蛋白糕、黄色鱼糕、拌药芹、炝银耳、蛋松、绿蛋松、葱油蜇丝、盐味嫩蚕豆各适量。

此菜是以春天为主题的景观造型，盘面如一幅春光画卷，美不胜收。造型应注意利用原料色彩的浓淡变化和组构方式，构成丰富的层次关系和景观的远近感。

96.长城颂

原料：三鲜蚕豆泥、火腿、咖啡色鱼糕、姜汁西蓝花、红曲卤鸭、紫菜蛋卷、盐水对虾仁、水晶猪耳糕、红油鱼片、三色包菜卷、沙茶白肉卷、泡红椒、菠萝鸭卷、糖水龙眼、蛋白糕各适量。

长城造型拼摆时要掌握好山峦起伏变化和长城蜿蜒曲折的关系。装盘采用长方形餐具，拓展了盘面的空间感。白鸽点缀绿荫丛中，清新自然，寓意深刻。

97. 山水胜景

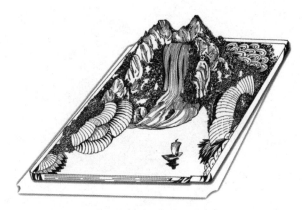

原料：蜜汁桃仁、凉拌粉丝、炝西蓝花、紫菜蛋卷、盐水对虾、捆蹄、白嫩油鸡脯肉、酱牛肉、盐水鸭脯肉、三鲜鱼糕、红曲卤鸭、五香熏鱼、蒜酱鲍鱼、油焖笋、红胡萝卜、白萝卜、绿菜汁、琼脂、香菜叶各适量。

瀑布远远望去，尤如一条白色的绸带从山顶而下，确是有"疑是银河落九天"的境界，让人有身临其境之感。山水造型节奏变化，景观开阔自然。

98. 文昌古阁

原料：海米干丝、红曲卤鸭脯肉、鸡汁冬笋、肴肉、油鸡脯肉、五香口条、蛋白糕、烤鸡脯肉、白卤素鸡、午餐肉、蛋黄糕、香菜、绿樱桃、盐味黄瓜、油焖香菇各适量。

此菜造型是摹拟扬州名胜古迹——文昌阁而创制的人文景观，以对称构图的手法，形象生动的再现了文昌阁古朴、端庄、清灵之美。文昌阁底座层层相叠，环环相合，由低及高，渐次而变。

99. 草帽之歌

原料：什锦土豆泥、如意蛋卷、虾糕、火腿肠、盐水猪肝、蒸蛋黄糕、山楂糕、紫萝卜、柠檬、黄瓜、黄蛋皮、葱叶、莴笋、酱胡萝卜、菠萝鸭片各适量。

一顶色彩艳丽、造型灵巧的花草帽，给宴席增添了一份浪漫、青春的气氛。拼摆时注意草帽顶成立体锥形状，鲜花组合置于草帽一端，造型充满了生活乐趣。

100. 双喜临门

原料：鱼松、火腿、蒸蛋白糕、蒸蛋黄糕、午餐肉、盐水虾、黄瓜、红樱桃、绿樱桃、蛋皮、青椒、蒜叶、胡萝卜、卤香菇各适量。

宫灯高照，喜事临门，一盘菜肴造型带了浓郁的传统喜庆色彩。宫灯造型典雅别致，刀工技术高超精湛。拼摆时注意双灯的对称效果。拼盘造型色调为浅红色。拼盘层次丰富，绚丽多彩，给人一种浓烈的节庆气氛。

101. 花篮彩灯

原料：海米干丝、糖醋红胡萝卜、黄面鱼糕、玛瑙蛋糕、香肠、油焖香菇、泡黄瓜、鸡汁冬笋、泡红椒、紫菜蛋卷、红蛋皮、黄蛋皮、绿樱桃、红樱桃各适量。

此灯是以花篮为原型创制的一款别具风格的宫灯造型。拼摆层次丰富，色彩谐和，左右对称，完美的形式构成了浓烈的节庆气氛。

102. 芭蕉彩扇

原料：红油鸡丝、如意蛋卷、火腿、白卤鸡脯肉、红曲卤鸭脯肉、皮蛋糕、黄色鱼糕、炝青椒、油焖香菇、红樱桃、绿樱桃、盐味红胡萝卜、黄蛋皮各适量。

此菜造型以扇面的对称与扇坠的均衡构成，盘面轻松自如，文静高雅，庄重而不失雍容大方。

103. 奥运圣火

原料：银芽鸡丝、火腿、黄蛋糕、盐味红胡萝卜、糖醋紫萝卜、糟鸡脯肉、黄色鱼糕、红曲卤鸭脯肉、油焖茭白、肴肉、咖啡色虾糕、西式火腿、炝青椒、蛋白糕各适量。

造型是以奥运火炬为题材。五环托着火炬在熊熊燃烧，催人振奋，整个画面充满着青春的动感，代表平和友谊。拼摆时注意火焰的层次关系。

104. 中华魂

原料：咖啡色鱼胶、银芽鸡丝、虾蓉紫菜卷、蛋黄糕、火腿、紫菜蛋卷、糖醋红胡萝卜、西式火腿、五香牛肉、火茸包菜卷、红油鱼片、酸辣黄瓜、青蒜叶、蛋白糕、糖水龙眼、红肠各适量。

华表威严矗立，鲜花竞放斗艳。装盘布局时切忌将主体放置盘面中轴线处，以免产生呆板的效果。红色飘带点缀盘面右上部与华表相呼应，构成均衡效果。

105. 生日快乐

原料： 麻辣猪肚、叉烧肉、虾子鱼糕、午餐肉、拌莴笋、盐水鲜笋、青辣椒、蒸蛋黄糕、蒸蛋白糕、黄瓜、糖水胡萝卜、西蓝花、山楂糕、荷兰芹、柠檬、樱桃各适量。

生日快乐一菜是以装饰点缀的手法突出主题。生动有趣的烛光，色彩鲜丽的花卉，装饰的文字，渲染了生日气氛。拼摆时每组原料组成的图案要注意层次和色彩关系。

106. 海螺彩拼

原料： 麻酱海螺片、肴肉、盐味笋、红卤口条、咖啡色鱼糕、盐水鸭脯肉、紫菜蛋卷、红卤猪肝、蛋白糕、西式火腿、猪耳糕、白卤口蘑、酸辣黄瓜、香菜叶、绿菜汁、琼脂各适量。

造型通过巧妙的拼摆手法，将海螺的层次、旋转、轮廓、棱角表现得完美无缺，加之淡绿色的海水和玲珑剔透的小贝壳和水草点缀，给画面更增添了几分趣味。

107. 渔家乐

原料： 肉松、酸辣红胡萝卜、三鲜虾糕、广式香肠、虾子茭白、火腿、蛋黄糕、红肠、糖醋黄瓜、卤猪舌、松花蛋、香菜叶、醉冬笋、炝药芹、拌莴笋各适量。

竹篓造型巧妙地利用了半圆形刀面拼摆而成。竹篓自然弧形的构造逼真，用两只神态各异的螃蟹点缀，使整个画面充满了渔家乐生活情趣。

108. 圣诞礼物

原料： 苹果色拉、黄蛋糕、酱牛肉、扎蹄、三鲜鱼糕、红肠、盐水鸭脯肉、糖醋黄瓜、杏仁、金橘、葡萄、草莓、荔枝、龙眼、柠檬、苹果、雪梨、香菜叶各适量。

造型别出心裁地塑造了圣诞帽的形象。帽口夸大，色泽红艳，各式水果布置四周，宛如圣诞老人给人们送来了丰盛的礼物。适用于儿童生日宴席和圣诞宴席。

109. 双燕风筝

原料: 什锦土豆泥、蒸蛋黄糕、蒸蛋白糕、发菜、卤猪舌、烧鸡脯、如意蛋卷、酱肝、胡萝卜、黄瓜、荷兰芹、柠檬、香菜各适量。

选用山东潍坊民间风筝作此菜造型图案。原料色泽艳丽,拼摆层次分明。布局对称与形象夸张构成了拼摆的特点。拼摆时注意燕首的塑造。

110. 丰收大吉

原料: 什锦土豆泥、蛋黄糕、卤猪舌、火腿、盐水小虾、银耳、西蓝花、青椒、山楂糕各适量。

拼盘的造型和色彩构成了喜庆丰收的热烈场面。构图对称大方,色调对比调和,拼摆手法简洁、层次丰富。拼摆时注意"丰"字形的处理,红底黄字。

111. 和平天使

原料：拌鸡丝、火腿、如意蛋卷、卤牛肉、番茄、糖水枇杷、辣油莴笋、荷兰芹、泡青椒、象牙萝卜、黄金瓜、菜卷、柠檬、黑豆各适量。

此菜呈阶台式拼摆，白鸽雕刻置中，主题突出，造型生动，气势宏大，增添了宴席的欢快气氛。拼摆时注意原料色泽的搭配组合与拼摆的层次关系。

112. 桃李满天下

原料：炝青椒、火腿、蛋皮、红肠、糟鸡脯肉、虾子卤香菇、姜汁菠菜松、凉拌金瓜丝、沙茶肉丁、红曲卤鸭脯肉、佛手罗皮、烤鸭脯肉各适量。

造型以桃花为主碟，以八只桃子作围碟，主题明确，组合丰盛，令人产生硕果累累和桃李满天下的遐想。

113. 姹紫嫣红

原料：什锦色拉、酿红椒、虾子卤蘑、肴肉、蛋松、烧鸡脯肉、炝青椒、葱油蜇头、糖醋胡萝卜、酸黄瓜、盐水虾、卤香菇、红樱桃、酱肉、番茄、糖水橘瓣、盐水鸭脯肉各适量。

造型以数十种花卉组合构成，宛如一幅百花盛开、争奇斗艳的画卷。拼摆时注意盘面的多样统一的布局处理。中心花为主体，四周花作点缀。

114. 百花彩蝶

原料：皮松、炝青椒、黄蛋糕、盐水大虾、蛋白糕、香肠、炝扬花萝卜、红樱桃、烤鸭脯肉、蒜叶、酿青椒、盐味红胡萝卜、蜜汁橘瓣、炝银耳、蜜汁番茄、绿樱桃、姜丝各适量。

造型以彩蝶为主拼，以八种花卉作围碟，构成主题明确的组合造型。

115. 动物乐园

原料：烤鸭脯肉、盐水虾仁、红曲卤鸭脯、蒜蓉黄瓜、葱油海带、红肠、油焖珍珠笋、虾子香菇、油鸡脯肉、盐水鸭脯肉、蛋黄糕、烧鸡脯肉、三鲜虾糕、姜汁西蓝花、咖啡色鱼糕、盐水青豆、猪耳糕、葱烤黄鱼、炝海白菜、肉松、鱼松各适量。

造型以珊瑚石为主拼，以八种水中动物作围碟，构成了主题明确的组合造型。各种动物小巧玲珑、活灵活现，奇妙的海底世界跃现盘中。

116. 百鸟朝凤

原料：葱椒皮松、黄蛋糕、红肠、盐水红胡萝卜、黄色虾糕、肴肉、酸辣黄瓜、紫菜蛋卷、素蟹肉、泡红椒、相思豆、五香牛肉、红曲卤鸭脯肉、三鲜山药泥、咖啡色鱼糕、白卤鸽蛋、红樱桃各适量。

造型以团凤为主拼，以五种鸟作围碟，宛如一幅形神兼备、形象灵动的百鸟图画卷，给人以和美欢乐之感。

117. 盆景集萃

原料： 五香牛肉、黄色鱼糕、叉烧肉、咖啡色鱼糕、肴肉、油焖冬笋、蒜油黄瓜、红肠、烤鸭脯肉、烧鸡脯肉、红樱桃、青橄榄、油鸡脯肉、蜜汁银杏、虾子卤香菇、盐水红胡萝卜各适量。

造型以山水盆景为主拼，以八种花木盆景作围碟，构成了一幅盆景集萃图。

第二节　热菜造型图说

1. 三丝鱼卷

原料：鲜鳜鱼、笋肉、水冬菇、酱乳瓜、酱生姜、红辣椒、鸡蛋清、盐、绍酒、生粉、油适量各适量。

造型完美饱满，不仅色泽雅洁，口味亦更丰富，鱼卷排列整齐，大小一致。头尾装饰盘中，俨然一尾整鱼，富有生气，堪称花色菜佳肴。此菜外嫩里脆，外鲜里香，清淡适口。

2. 九转大肠

原料： 熟大肠、熟猪油、花椒油、清汤、白糖、盐、味精、料酒、葱、姜、蒜、香菜、醋、胡椒面、砂仁、肉桂、豆蔻各适量。

此菜色泽红亮，五味俱全。菜肴与南瓜雕刻融为一体。瓜雕造型准确，形象夸张，刀工精细娴熟。烹制的金红色大肠，堆砌于食具中，显得更加艳丽高贵，吉祥如意。

3. 扒白菜

原料： 白菜、樱桃、黄瓜、盐、味精、绍酒、葱、姜段、鸡汤、淀粉各适量。

造型高雅大方，简洁明快。色泽净白如玉，汁明芡亮。在白菜的上端用红色樱桃和绿色香菜叶作点缀，更加显得别致。此菜入口鲜嫩软糯，滋味清鲜。

4. 鹤巢牛蛙松

原料：牛蛙腿、鸡蛋白、鲜香菇、西芹、毛豆、炸松、子仁、生菜丝、面粉、豆瓣酱、生抽、砂糖、醋、酒、毛汤、水淀粉、花椒粉、胡椒粉、葱花、姜末、蒜末各适量。

此菜清嫩爽口。选用牛蛙腿为主料，采用爆、炒技法烹制而成。鹤巢形的造型，趣味横生。丰富多彩的变化，使菜肴形象更加热烈活泼，充满了自然生活的色彩。

5. 夏果龙虾球

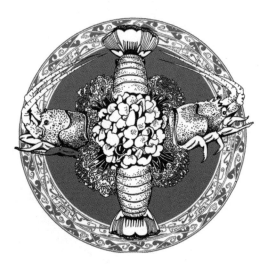

原料：大龙虾、夏威夷果、香菇、香葱、蒜瓣、胡萝卜、鸡蛋清、花生油、绍酒、高汤、白糖、味精、精盐、香油、西蓝花各适量。

此菜选用龙虾、夏威夷果为主料，采用滑、炒技法烹制而成。造型对称大方，璀璨绚丽，丰富多采，构思精巧，手法简洁，令人耳目一新。此菜龙虾味鲜柔嫩，夏威夷果清香滑口。

6.炸熘斑片

原料：石斑鱼、菠萝、荔枝肉、笋肉、胡萝卜、葱、青椒、水发冬菇、生菜、鸡胗、鸡蛋、盐、味精、酒、玉米粉、面粉、水醋、砂糖、番茄酱、清汤各适量。

选用石斑鱼为主料，采用炸、炒技法烹制而成。鸡胗制成花，点缀四周，显得热烈饱满。菜肴节奏分明，层次丰富，鲜嫩爽口，酸甜味美。

7.软烧仔肚

原料：仔猪肚、西蓝花、精盐、味精、绍酒、姜片、葱丝、鸽蛋、清汤、熟猪油各适量。

造型饱满统一，点缀富丽典雅，色彩对比鲜明。仔猪肚是一种高蛋白低脂肪的食品，营养丰富，风味独特。软烧仔肚一菜具有清鲜馨香，软嫩爽口的特点。

8.鸡汁原壳鲍鱼

原料：带壳鲍鱼、嫩油菜、红胡萝卜、冬笋、金华火腿、冬菇、红樱桃、大白萝卜、精盐、味精、胡椒粉、高汤、淀粉各适量，鸡油少许。

此菜鲜嫩爽口、汁醇香浓，自然优雅的围边，傲霜白菊的点缀，构成了一盘食用与审美为一体的佳肴。绚丽的色彩清新诱人，明快清晰的原料富有生机。

9.椒麻汁鲷鱼

原料：鲷鱼、青葱蓉、生姜末、花椒、麻油、香菜、醋、砂糖、味精各适量。

自然大方的造型，令人在就餐中轻松愉快。椒麻汁鲷鱼以精湛的技艺、优美的色泽对比、和谐统一的装盘，体现了美食的自然效果，给入留下深刻的印象。

10. 锅熵莲藕

原料： 精肉、肥肉膘、鸡蛋清、火腿末、鲜荷叶、鲜藕段、洋葱头、生抽、盐、酱油、味精、绍酒、胡椒粉各适量。

构思巧妙，造型自然，以藕、荷叶与莲藕肉相互组合，生动有趣。红花绿叶好似一幅夏荷出水图。此菜藕片爽脆，肉馅鲜嫩。

11. 菊花鱼翅

原料： 水发鱼翅、鸡蓉、蹄髈、高汤、猪油、圆形菜叶、红樱桃、大白萝卜、葱白、姜、花椒、酱油、味精、绍酒、水淀粉、麻油各适量。

菊花鱼翅以海产珍品鱼翅为主料，佐以鸡蓉，经蒸制而成。造型新颖别致，色泽清淡素雅。白菊、鱼翅、绿叶、红果构成一盘富丽典雅的菜肴，令人赏心悦目。此菜具有鲜嫩、清香、软糯适口的特点。

12. 托蒸比目鱼

　　原料：比目鱼、鸡蛋、玉米粉、青蒜、樱桃、黄瓜、葱、蒜、姜、料酒、盐、味精、胡椒面、麻油、油、汤各适量。

　　此菜采用托蒸的技法烹制而成。长方形造型，樱桃点缀，黄瓜片陪衬，形似花卉盆景万年青，给人以美好的祝愿。此菜味鲜香酥，肉细软嫩，颇受人们的喜爱。

第三节　果蔬雕刻图说

1. 白鸽

原料： 大白萝卜、长南瓜。

刀具： 直刀、斜口刀、圆口刀。

刀法： 直刻、插刻。

雕品以典雅的造型，洁白的色彩构成，作品给人一种光明、和平的美好愿望。白萝卜与南瓜组合，充分再现了白鸽雕刻的特点。白鸽构思精巧，选料合理，手法细腻。

2. 喜上眉梢

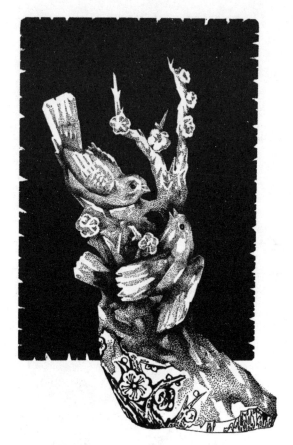

原料：南瓜、萝卜、胡萝卜。

刀具：直刀、斜口刀、圆口刀、V形刀。

刀法：直刻、旋刻、插刻、镂空、浮雕。

雕品塑造了一对喜鹊攀枝戏闹的景象，一只软语轻歌，一只舞姿翩翩，寓意人逢喜事、眉开眼笑。喜鹊的优美姿态在雕刻中加以艺术表现，给宴席增添了吉庆色彩。此雕品还有双喜临门、梅极双喜、喜鹊登梅等名称。

3. 鹦鹉攀枝

原料： 南瓜。

刀具： 直刀、斜口刀、圆口刀、V形刀。

刀法： 直刻、旋刻、插刻。

鹦鹉以羽毛艳丽而著称，白、红、绿、黄、黑色五彩缤纷，有集彩虹七色的七彩鹦鹉。鹦鹉漂亮的羽冠，有的羽冠如伞，有的似扇，显得生动有趣。雕刻时根据其色彩不同选用原料，常用青萝卜、白萝卜、南瓜等原料组雕而成。

4.翠鸟赏花

原料：青萝卜、白萝卜、心里美、土豆。

刀具：直刀、斜口刀、V形刀。

刀法：直刻、斜刻、插刻、旋刻。

其雕刻作品具有神形兼备、小巧玲珑的特点，在雕刻方法上比较灵活，它随着原料形态不同又有所变化。掌握鸟的形态结构和一些特征，小鸟的雕刻方法亦可随意发挥。此雕品以简洁明快的手法和独特新颖的装置，令人耳目一新。

5. 凤凰展翅

原料： 南瓜、胡萝卜、萝卜。

刀具： 直刀、斜口刀、圆口刀、V形刀。

刀法： 直刻、旋刻、插刻。

雕品表现飞凤展翅、回首腑望之势。仿佛召唤群鸟一起飞向蓝天，迎接美好时刻的到来。形态飘逸，委婉柔畅，给人一种热烈富丽的感觉。

6.双寿报春

原料：南瓜、萝卜、胡萝卜。

刀具：直刀、斜口刀、圆口刀、V形刀。

刀法：直刻、旋刻、插刻。

雕品采用了均衡构图法，一只寿带跃跃欲飞，放声欢歌春天的到来；一只寿带相对而立于梅花枝头，注目着艳丽的花朵，呼吸着春天的气息。雕品形象栩栩如生，尾羽飘洒自如。

7. 母子情深

原料：南瓜、萝卜、胡萝卜。

刀具：直刀、斜口刀、圆口刀、V形刀。

刀法：直刻、插刻、斜刻。

作品以生动可爱的造型描绘了一组趣味横生、寓意幽长的动人场面。母爱是自然界中最崇高、最伟大的爱。雕品以灵活精巧的构思和简洁明快的手法增添了作品的艺术性和感染性，令人赏心悦目，回味无穷。

8. 白鹭风采

原料： 大白萝卜、胡萝卜。

刀具： 直刀、斜口刀、圆口刀、V形刀。

刀法： 直刻、旋刻、插刻、斜刻。

"两个黄鹂鸣翠柳，一行白鹭上青天"。高雅玉洁的白鹭入诗入画，深为人爱。白鹭属鹤科，形似鹤状，头部无丹顶，但有一顶稍长的顶羽，其形态潇洒，姿态多样，用来雕刻的原料主要为大白萝卜。

9.雄鹰腑视

原料： 南瓜、萝卜。

刀具： 直刀、斜口刀、圆口刀、V形刀。

刀法： 直刻、旋刻、插刻。

雕刻雄鹰主要是表现头、嘴、双翼和爪等部位，雕刻中下料是关键的一步。在原料上雕刻出栩栩如生的雄鹰，需要周密的思考和成熟的构思，首先确定雄鹰主要动式，是仰首还是斜视，是展翅还是欲飞，做到因材下料。

10. 鸳鸯戏荷

原料： 南瓜、大萝卜、胡萝卜。

刀具： 直刀、斜口刀、圆口刀。

刀法： 直刻、插刻、旋刻。

鸳鸯形态逼真，依依相偎，是作为爱情忠贞、一往情深的形象写照，是喜庆场合多用的雕品。鸳鸯的雕刻手法简化，抓住其有代表性的主要特征，找准躯体和头翼的形体关系，加强特征最强的剑羽和尾羽塑造，冠羽和眼睛也应精心刻画，以突出鸳鸯的神态感。

11. 百鸟朝凤

原料：大圆南瓜。

刀具：直刀、斜口刀、圆口刀、V形刀、戳刀。

刀法：直刻、斜刻、打圆、镂空。

雕品选用了整体圆形的南瓜为原料，采用了镂空、整雕和浮雕相结合的手法。造型显得生动活泼，新颖别致。布局潇洒大方，主次分明，错落有序。雕品主题象征着欣欣向荣、充满朝气的美好景象。

12. 雄鸡高鸣

原料：南瓜、大萝卜。

刀具：直刀、斜口刀、圆口刀、V形刀。

刀法：直刻、插刻、旋刻。

"一唱雄鸡天下白"，这一声唱鸣，击万里长空，越千山万水。雄鸡昂首高啼，体态饱满，姿式稳健，呈现一派生气蓬勃的景象。雕品刀法刚劲有力，鸡羽层层叠叠，流转柔畅。

13. 海鸥搏浪

原料：大白萝卜。

刀具：直刀、斜口刀、圆口刀。

刀法：直刻、斜刻、插刻。

鸥的体色单纯，非白即灰，或镶以黑翅、黑尾，给人以洁净的感觉，体态矫健，有极强的飞翔能力。海鸥的不怕海浪，无惧风雨，成为不怕困难和风险、坚强不屈的象征，又给人以力量、勇气和信心。

14. 对虾会荷

原料：南瓜、萝卜。

刀具：平口刀、直刀、斜口刀。

刀法：直刻、插刻、旋刻。

雕品以荷花为衬景，仿佛再见那亭亭玉立、碧叶连天、娇艳欲滴、莲蓬叠翠、芳香袭人的迷人景象。对虾明洁，芒须飞舞，婀娜多姿，与莲花相映成趣，此情此景不禁令人心情舒畅。

15.金鱼戏波

原料: 南瓜、萝卜、胡萝卜。

刀具: 平口刀、直刀、斜口刀、圆口刀。

刀法: 直刻、插刻、旋刻。

雕品利用南瓜、萝卜、胡萝卜原料雕刻出栩栩如生的金鱼形态,金鱼首尾相接,戏水逐波。造型前后交错,相映成趣,给人一种清雅、自由之感。金鱼是食品雕刻中的常见作品,不但原料选择较为常见,而且学习起来也较容易。

16. 快乐的袋鼠

原料：大白萝卜、南瓜。

刀具：平口刀、直刀、斜口刀。

刀法：直刻、旋刻。

袋鼠造型选用了块面形式的装饰雕刻手法，抓住袋鼠站立时敏捷观察的特征，准确概括地处理，使造型俊逸，韵致动人，耐人寻味。

17. 双鹿鸣春

原料：大白萝卜。

刀具：直刀、斜口刀、V形刀。

刀法：直刻、斜刻。

鹿的敏捷、善良历来受到人们的青睐。它以发达的四肢和擅跑的形象给人留下深刻的印象。在雕刻中应注意颈躯的合理安排，尤其是对双角和腿的塑造，雕刻时用小斜口刀处理。如双角整雕有困难，另取原料雕刻组合即可。

18. 东方雄狮

原料：南瓜。

刀具：平口刀、直刀、斜口刀、V形刀。

刀法：直刻、插刻、旋刻。

雄狮屹立峭崖之头，回首瞭望东方。大胆的构思、生动的造型，让人感受到一种奋进、拼搏的精神。雕刻狮子以体积较大的南瓜或大萝卜原料为主。其雕刻手法有两种：一是先将狮子的整个身躯轮廓雕刻出来，确定动势后再逐步修整；另一种是先将原料刻成近似形象，然后从狮子的头部开始雕刻，逐步雕刻身躯、前后腿以及尾部。

19. 嘶马腾飞

原料：南瓜、大萝卜。

刀具：平口刀、直刀、斜口刀。

刀法：直刻、插刻。

作品的形象来源于对马自然动态的观察和瞬间捕捉，造型勇猛，技法精湛，是食雕之精品。雕刻时要表现出奔马激动的情景，将马的特征作夸张处理。如马的前腿高举，膝盖弯曲，鬃毛分散，鼻孔张大，耳朵向后，眼白露出，脖子肌肉紧张突起。

20. 鹤鹿同春

原料：南瓜。

刀具：直刀、斜口刀、圆口刀、V形刀。

刀法：直刻、斜刻、插刻。

雕品以一种浪漫的理想化手法，塑造了鹤鹿同春图。鹤的洁白无暇和鹿的欢快敏捷，给人以丰富的想象。作品采用了零雕整装的手法，使得形象大方，姿态飘逸。

21. 勇往直前

原料：南瓜、大萝卜。

刀具：平口刀、直刀、斜口刀。

刀法：直刻、斜刻。

雕品以拓荒牛为造型构思，歌颂勇攀高峰和一往无前的精神，给人以一种开拓、奋进的力量。作品采用了整雕手法，以夸张的形式，刻画了拓荒牛的形象。雕刻刀法简洁明快、概括有力。

22. 犀牛与小鸟

原料： 南瓜、芋头、萝卜、胡萝卜。

刀具： 平口刀、直刀、斜口刀、V 形刀。

刀法： 直刻、斜刻、插刻。

犀牛以奇特的形象，粗壮有力的身躯和锐利的尖角，给人们以力量、坚强的印象。雕品捕捉了犀牛背上息栖的小鸟这一自然美景，使造型充满了生机和活力。形象的大小、强弱、粗细、巧拙的对比，又是那么自然和优美。雕刻时要掌握形式对比，强化形象特征。

23. 熊猫嬉戏

原料：大白萝卜、南瓜。

刀具：平口刀、直刀、斜口刀。

刀法：直刻。

　　熊猫以其独特的黑白对比色彩和圆滑可爱的身躯，赢得人们的喜爱。雕刻时一般将两只熊猫组合为一组，以嬉戏或食竹动态来刻划熊猫形象。熊猫表现的理想原料是大白萝卜。

24. 金狮戏球

原料：南瓜、萝卜。

刀具：平口刀、直刀、斜口刀、V形刀。

刀法：直刻、插刻。

雕品以一种欢乐喜悦的手法，刻画了金狮戏球的场面，造型采用了中国传统狮形的特点，使雕品富有强烈的民族气息。造型生动有趣，动态新颖别致，彩球玲珑剔透，构图丰富多彩。

25. 石竹仙境

原料：萝卜。

刀具：平口刀、直刀、斜口刀、V形刀。

刀法：直刻。

雕品选用石竹为造型主题，石峰浑厚与瘦削结合，体现了音乐般的旋律，旁植几竹，月色如银，波光石影，犹如仙境。作品充分表达了"四时不谢之兰，百节长青之竹，万古不败之石，千秋不变之人"的四美精神。

26. 宝塔新姿

原料： 萝卜、南瓜。

刀具： 平口刀、直刀、斜口刀、圆口刀。

刀法： 直刻、插刻。

食品雕刻中常选用楼阁或宝塔为造型。塔的外观形式多样，一般呈八角形。塔层屋檐外挑，形成了优美流畅的线条。雕品主要以整雕为主，雕刻时要掌握好塔形的基本构造。

27. 奥运圣火

原料：萝卜、南瓜。

刀具：平口刀、直刀、斜口刀、V形刀。

刀法：直刻、插刻。

雕品以奥运火炬为造型，刻画了火焰燃烧的势态。雕刻线条流畅优美，构图大方庄重，刀法刚劲有力。奥运精神激励人们奋进、拼搏，给人以力量。

28. 欢乐鱼童

原料： 南瓜。

刀具： 平口刀、直刀、斜口刀、圆口刀、V形刀。

刀法： 直刻、插刻、旋刻。

鱼童造型取材于民间传统人物形象，天真活泼，可爱有趣。雕品夸张的组合，更增添了艺术观赏性。整体造型节奏分明，人鱼呼应，相得益彰。

29. 寿星老人

原料：南瓜、萝卜。

刀具：平口刀、直刀、斜口刀、V形刀。

刀法：直刻、插刻、旋刻。

老人、松鹤、神鹿、仙桃、龙杖是构成寿星造型的吉祥之物。寿星怀抱仙桃，手持龙杖，胡须飘洒，面纹交错、垂肩大耳，使雕品形象维妙维肖，富有浓厚的民间风情。

30. 牧牛童曲

原料：萝卜。

刀具：平口刀、直刀、斜口刀、圆口刀。

刀法：直刻、插刻、旋刻。

湖边垂柳随风飘舞，河塘绿水碧波荡漾，牛背上牧童手持竹笛仰望蓝天。生动雅致的造型，令人仿佛听到了牧童那清脆的笛声在天空回荡，画面充满了生活趣味和艺术魅力。

31. 鱼翁垂钓

原料：南瓜。

刀具：平口刀、直刀、斜口刀、V形刀。

刀法：直刻、插刻、旋刻。

秋雨潇潇，天色朦胧，鱼翁肩背斗笠，持杆盘席而坐，专心致志的面部神情与衣着，和背景共同构成了一幅生动雅致的画面。雕品人物造型生动，衣纹雕刻简练豪放。构图大方庄重，别具一格。

32. 美人鱼

原料：南瓜。

刀具：平口刀、直刀、圆口刀、V形刀。

刀法：直刻、插刻。

美人鱼雕品是取材于安徒生小说中美丽动人的神话形象。人鱼惟妙惟肖，流畅圆转，形体线条明快清新，典雅秀丽，是食品雕刻之佳作。雕刻时要注意人鱼一体，形象处理统一，在结构的过渡上要自然得体。

33. 健美操

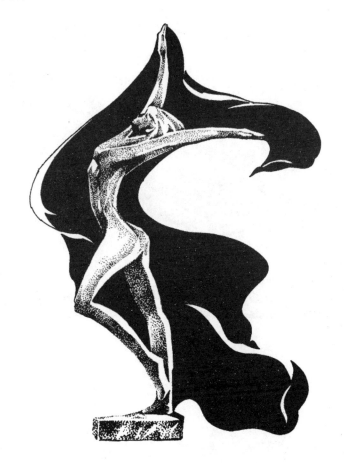

原料：南瓜。

刀具：平口刀、直刀、斜口刀。

刀法：直刻、旋刻、镂空。

雕品运用了装饰变形手法，把体育运动的力量、节奏 、韵律的美充分表现出来。造型构成抬头、挺胸、伸臂之势，使形体动态更概括、更集中、更富有艺术感染力。

34. 空中揽月

原料：南瓜。

刀具：平口刀、直刀、斜口刀。

刀法：直刻、铲刻、旋刻、镂空。

雕品生动地捕捉了守门员奋力跃起扑球的瞬间动作，刻画了足球运动的速度、力量、节奏、智慧的魅力。造型采用了写实与夸张相结合的手法，新颖别致的构图形式，使人物形象更优美、更健壮。

35. 勇敢者

原料: 南瓜。

刀具: 平口刀、直刀、斜口刀。

刀法: 直刻、铲刻、镂空。

雕品是以击剑运动员为题材,再现了运动场上智慧与勇敢的完美结合。人物形象英俊潇洒、刚劲有力,与弯弓待击的钢剑相结合,构成充满生机和活力的形象。

36. 青春之歌

原料：萝卜。

刀具：平口刀、直刀、斜口刀。

刀法：直刻。

雕品采用了装饰造型手法，塑造了一位青春、健美、向上的少女形象。作品光洁精致，运刀流畅自如，形体典雅秀丽。

37. 仙女散花

原料：南瓜。

刀具：平口刀、直刀、V形刀、斜口刀。

刀法：直刻、旋刻、铲刻。

造型取材于民间人物。在食品雕刻中依据果蔬原料的特点，对人物形象、衣纹、动态作概括、简化的艺术处理。人物动势与衣纹的变化是雕品的关键，造型层次分明，流畅圆转，轮廓清晰，典雅秀丽。雕品刀工利落，刻与铲的紧密结合，令人赏心悦目。

38. 嫦娥奔月

原料：南瓜。

刀具：平口刀、直刀、V形刀、圆口刀。

刀法：直刻、插刻、旋刻。

嫦娥奔月是中国民间神话故事，雕品造型突出一个"奔"字，在形象设计上，白云凌空飞舞，风带迎风飘扬，增加了雕品的艺术魅力。

39. 龙凤呈祥

原料：大白萝卜。

刀具：平口刀、直刀、圆口刀、V形刀。

刀法：直刻、插刻、旋刻。

　　一条洁白如玉的娇龙盘旋飞舞，一只银光四射的玉凤灵动飞扬。雕品巧妙的组合，加以鲜花、绿叶的陪衬，给人以和美、富丽、欢乐之感。

40. 龙腾凤舞

原料: 南瓜。

刀具: 平口刀、直刀、斜口刀、圆口刀、V形刀。

刀法: 直刻、插刻、旋刻。

造型中巨龙宛若腾空飞游,龙身拱曲似波浪云海翻涌。彩凤展翅,放声歌鸣,凤身柔畅流转的优美线条和宛如彩条的尾羽与龙协调和美,相得益彰。雕品选用质地坚实、色泽金黄、外形长圆的南瓜为原料。

41. 鲤鱼跳龙门

原料：萝卜、胡萝卜。

刀具：平口刀、直刀、圆口刀、V形刀。

刀法：直刻、插刻、旋刻。

鲤鱼是我国民间传统的吉祥物，传说中的鲤鱼跳龙门具有美好的寓意。雕刻时为了表现气氛，一般采用组雕形式，即水、龙门、鲤鱼三组构成。造型姿态优美、层层叠叠。

42. 鹅皿盛果

原料： 南瓜。

刀具： 平口刀、直刀、斜口刀。

刀法： 直刻、旋刻。

雕品以天鹅形象刻制的器皿造型，主要在宴席中增添餐具的趣味，如同瓜盅，既美观，又实用。

43. 锦绣花篮

原料： 南瓜、萝卜、胡萝卜、茭白、笋。

刀具： 平口刀、直刀、斜口刀、圆口刀、V形刀。

刀法： 直刻、插刻、旋刻。

花篮形式丰富，造型典雅大方。花朵绚丽多彩，呈怒放式，与花篮为一体，令人心旷神怡。花篮雕刻尤其是在大型宴会或生日宴会中出现，更添气氛。

44. 果蔬满篮

原料： 南瓜、萝卜。

刀具： 平口刀、直刀、斜口刀、V形刀。

刀法： 直刻、插刻、旋刻。

菜篮造型有别于花篮，外形上没有过多装饰变化。它的特点是口大体深、简洁实用，编织材料较为粗糙。因此，在雕刻中要掌握菜篮的特点，利用刀法的变化达到菜篮肌理的效果。

45.花篮灯

原料： 西瓜。

刀具： 平口刀、斜口刀、V形刀、直刀。

刀法： 直刻、镂空、阴刻。

瓜灯形似花篮，在传统雕刻的基础上突破创新。浮雕、镂空、突环的完美结合，使瓜灯风格清新秀丽而又有浓厚的装饰色彩。

46. 冬瓜盅

原料：冬瓜。

刀具：直刀、V形刀、圆口刀。

刀法：阳刻、阴刻、直刻。

该盅取长圆形冬瓜为原料，以龙为主体图案，造型充分利用冬瓜周长的特点，将龙形附于瓜体周围。瓜盅采用了阴阳纹相结合的手法，龙体为阳纹刻，龙身结构为阴纹刻。优美的造型，流畅的线条，令人赏心悦目。

47. 宫灯高照

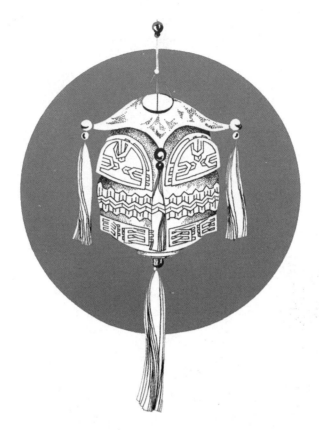

原料： 西瓜。

刀具： 直刀、V形刀、平口刀。

刀法： 直刻、阳纹刻、阴纹雕。

瓜灯造型取材于传统工艺中的宫灯。利用西瓜色泽美、形态美、质地美的特点，结合精湛的突环雕刻技艺，使瓜灯精致光洁，层次分明，环纹流利。尤其是环环相连、环环相扣、环环相套的效果，更是妙趣横生。

48. 宝塔瓜灯

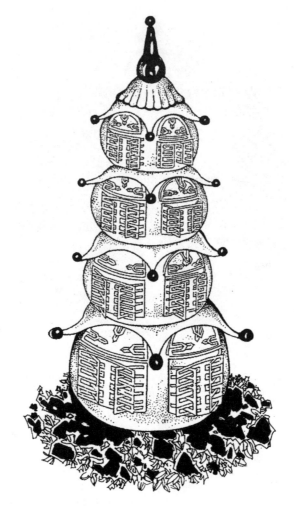

原料： 西瓜、胡萝卜。

刀具： 平口刀、斜口刀、V形刀、直刀。

刀法： 直刻、阳纹刻。

瓜灯构思新颖，造型独特。西瓜层层相叠，渐次而变的组合，构成了流畅圆转的宝塔造型。瓜灯的独特之处在于塔的上几层可以点灯，下几层可置以盛器，放上菜肴。上席时由服务员逐层揭开，使宴席趣味无穷。

参考文献

[1] 林品章. 商业设计 [M]. 台北：艺术家出版社，1986.

[2] 张志伟. 美学简明教程 [M]. 武汉：武汉工业大学出版社，1994.

[3] 黄今声. 色彩画 [M]. 北京：高等教育出版社，1996.

[4] 张明. 装饰布置艺术 [M]. 北京：旅游教育出版社，1994.

[5] 李砚祖. 工艺美术概论 [M]. 济南：山东教育出版社，2002.

[6] 周明扬. 烹饪工艺美术 [M]. 北京：中国轻工业出版社，2000.

[7] 保彬. 装饰图案基础 [M]. 南京：江苏美术出版社，1980.

[8] 颜铁良. 素描 [M]. 北京：高等教育出版社，1989.

[9] 中央工艺美术学院. 中国工艺美术简史 [M]. 北京：人民美术出版社，1983.

[10] 王卫国. 饭店改造与室内装饰指南 [M]. 北京：中国旅游出版社，1997.

[11]（美）赓·赫尔脱格仑. 动物画技法 [M]. 北京：人民美术出版社，1982.

[12] 余明阳，陈先红. CIS 教程 [M]. 北京：中国物资出版社，1995.

[13] 周明扬. 餐饮美学 [M]. 长沙：湖南科学技术出版社，2004.